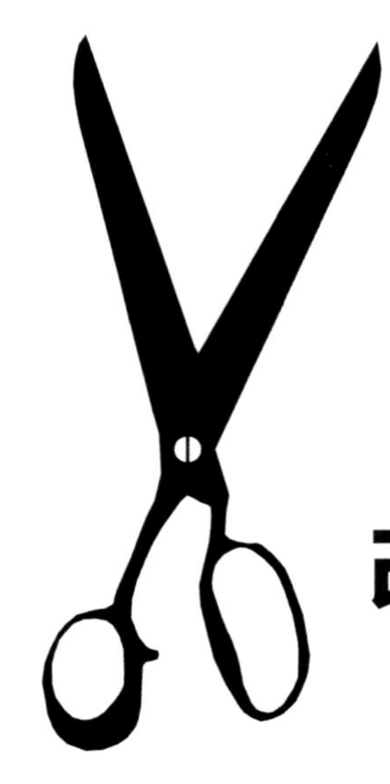

100个
改变时尚的伟大观念

[英] 哈里特·沃斯里 著
唐小佳 译

中国摄影出版传媒有限责任公司
China Photographic Publishing & Media Co., Ltd.
中国摄影出版社

100个改变时尚的伟大观念

[英]哈里特·沃斯里 著
唐小佳 译

目　录

引 言

在我们的一生中，决定性的瞬间往往是在最不经意的时刻到来。12岁那年，我还是一个懵懂的孩子，有一次很幸运地被允许可以到祖母的衣橱中一探究竟。当时，一个崭新的、熠熠放光的世界突然呈现在我眼前：各种丝绸、皮草、天鹅绒……我的脑子里顿时出现了太多可以将自己华丽地装扮起来的理由。在那个神奇的衣橱中，有一系列你能想象到的不同颜色的连衣裙，还有剪裁合身的花呢西装和华美的拖地天鹅绒晚礼服，它们都是20世纪60年代的潮流服饰。我彻底被迷住了，当时的那种感觉一直延续至今。

在我看来，每一件复古的经典服装背后，都有着自己的历史和故事。当手中拿着一件20世纪20年代的串珠流苏真丝连衣裙时，你会情不自禁地遐想：谁曾经是它的主人？这些层叠的褶皱中又有怎样的故事？是狂野派对上的热舞还是一桩隐秘的情事？

祖母的衣橱不仅为我打开了一个丰富多彩的女性时装世界，更重要的是让我了解到"时尚"经历了怎样一个漫长的发展历程。好像人类的进化史一般，女性时尚顺应不同时代的发展而变化，最终形成了我们现在身上所穿着的服饰。在20世纪50年代和60年代，那些经过精心剪裁且低调奢华的服饰，某种程度上抛弃了陈腐的维多利亚风格。时尚界也在20世纪上半叶发生了非常戏剧性的变化，这样的变化在之后的时代仍旧持续，惊喜不断。

20世纪是一个充满创新的时代。它为数以万计的创意和发明赋予了其新的生命，其中许多创意也给女性服饰带来了影响，世纪初和世纪末的裁剪设计风格反差巨大。从20世纪初的女性紧身胸衣、曳地礼服和舞会上的成年女伴（陪同未成年一起去社交场所的成年女伴），到现在的裸背日光浴、迷你裙、航空旅行和网络购物。很难想象，如此之快、如此之丰富的变化仅仅发生在100年之内。

本书的主旨是要梳理和阐释1900—2010年女性服饰的革命性变化。全书基本按照时间顺序编写，并将时尚发展过程中每个重要变化的时间点进行标注。比如，T恤衫在20世纪初还是男士们穿着的内衣，到20世纪后半叶却成为时尚的主流。因此，在书中，20世纪50年代这个时间点会被特别指出，T恤衫此时可以作为外衣出现在人们的日常服装中。本书希望读者们可以借此开始用不同的眼光看待我们的日常穿着：譬如我们会了解到第一件比基尼刚刚推出时，由于设计过于大胆，只得邀请脱衣舞娘作为模特展示；T恤衫最初也只能作为男性内衣穿着；牛仔裤上的铆钉之所以会出现，是因为它在淘金热时期曾用来加固工人们的裤装。

撰写本书的初衷是希望找到构成"创意"的那些因素，而关于这点有太多可以讨论的内容。最终，我们认为历史上出现过的每个"创意"都会改变时尚发展的道路，如果没有这些创意，女性时尚也不会呈现出当今的模样。

人类社会最主要的"创意"就是出现的那些新发明，从最细微的与时装有关的拉链或尼龙的出现，到计算机以及飞机的发明，所有这些发明对人类的进步都产生了重要影响。本书主要关注这些发明给社会带来的巨变以及它们对时尚界的影响，而不是关注发明本身。

当然，世界上的重大政治或经济事件对于时尚界的影响也不容忽视。20世纪30年代经济大萧条时期的女性开始模仿好莱坞电影中的时尚穿着，希望以此来逃避当时暗无天日的现实生活；第二次世界大战期间，物资短缺导致人们产生了新的时尚创意，如流线型西装和木底或软木底的鞋子。

20世纪最伟大的变革之一就是妇女的解放，这对于女性时尚的影响无疑是巨大且深远的。社会开始允许女性有更多的需求，她们可以出门工作、参与投票，而且对于出入社交圈的女性来说，终于可以抛弃她们舞会的"成年女伴"了。正因如此，女性的服装穿着也必须发生相应的变化。一位独立的、不需要陪伴的女性显然需要一个手提包来装贵重物品。而更重要的是，一位穿着鲸须紧身胸衣的女性压根儿就不可能完成与军事战争相关的工作。在20世纪20年代，女性开始在工作领域与男性竞争，这样的工作环境并不需要华丽的拖尾裙，而一套简洁的西服裙套装就非常合适。人们不再有性别歧视，运动服装和化纤织物的出现使得女性的穿着越来越舒适与轻松，同时也满足了她们多样生活方式的穿着需求。有意思的是，女性服装的许多重要革新都参考了男装的元素。传统上，人们认为，男装应更加休闲、舒适与实用，而这些元素显而易见地都被挪用到了女性服装的制作上，不得不说是一个重要的转变。可可・香奈儿（Coco Chanel）在这方面是重要的先驱，它创造性地将男士帆船裤、套头衫以及双排扣海军呢大衣变为潮流女装。伊夫・圣・罗兰（Yves Saint Laurent）则在女性西装中加入了裤装，并使其成为女性出席正式场合的服装之一。

正如妇女解放运动改变了时尚的发展进程一样，20世纪50年代一个全新的群体——“青少年”异军突起，他们是一股既充满活力又有极强消费力的社会力量。他们的出现为设计师创造了一个完全不同的目标市场，从而引导了为数众多的时尚流行趋势。除了主流“青少年”时尚，也出现了许多被青年们推崇的亚文化群体，这些群体都拥有自己独特的衣着符号。从20世纪60年代的摩登派青年和嬉皮士，到90年代的滑板少年和个性化的独立乐迷，这些新生的群体无疑为那些一直寻找灵感和活力的设计师提供了创意的来源。其中不乏一些知名的奢侈品品牌，从60年代开始的伊夫・圣・罗兰到汤姆・福特（Tom Ford）、安娜苏（Anna Sui）以及2000年以来的众多品牌。

在20世纪，随着社会的发展，曾经以着装来区别不同社会阶层的观念逐渐消亡，这为本书提供了很多有趣的谈资。黑色连衣裙与晒黑的古铜肤色曾经只能在工人阶级妇女中看到，但是，可可・香奈儿女士将它们介绍给富人，并说服她们这样的服装配饰与佩戴真正的珠宝一样，都是可以接受的。同时，由于大批量生产制造时代的到来以及社会流动性的增加，促使如今相似的流行趋势可以被大众共享，高街品牌商店也会推出普通人可以消费的T台时装的复制品。

流行时尚真正的全球化发生在20世纪，本书对此也进行了详细的分析介绍，例如受到西方世界之外的文化影响，越来越多的花纹图案和服装廓形出现在时装设计之中；在T台上可以看到许多来自日本的时装设计师；巴黎曾经是世界上唯一的时尚中心，如今其地位日渐没落。当今世界，时尚媒体、时装设计、服装生产加工行业已经全球化运作。互联网成为一股强大的力量，通过网络博客、电子杂志以及购物网站等媒介，不间断地为世界各地传播时尚圣经，直播时尚盛典。

书中所介绍的时装设计师，都曾经在时装史上做出过革命性的创新。他们是时尚界最伟大的时装设计师和业内巨擘，是革新的主宰者，对时尚潮流的发展做出了巨大贡献。书中提及的设计师包括：可可・香奈儿、艾尔萨・夏帕瑞丽（Elsa Schiaparelli）、伊夫・圣・罗兰、维维安・韦斯特伍德（Vivienne Westwood）、凯文・克莱（Calvin Klein）、约翰・加利亚诺（John Galliano）、汤姆・福特。

我在编写这本书时，我的女儿杰西出生了。那时候，媒体报道说她们这一代人的寿命可以轻松达到100岁。于是，我很自然地在心里问：在她的有生之年又会看到时尚发生怎样的变化？如果说在过去的110年里，时尚的发展变化是如此巨大，那么想一想到2110年时，又会是怎样的情景？本书的结尾部分将提到，未来时装界的惊喜现在已经开始，如计算机技术辅助整合纺织面料，裙子上的印花可以通过按钮控制改变印花图案等。但是，接下来还会发生什么？如果依照20世纪时尚流行的发展趋势，那么未来的发展过程将注定富有挑战性、戏剧性，并将完全超越我们的想象。

富豪的特别定制

观念 1

高级定制

高级定制时装是为特殊的顾客单独量身打造的，它与标准尺寸成衣的制作方法不同，是用手工制作的独创性时装作品。如果没有查尔斯·弗莱德里克·沃斯（Charles Frederick Worth），也不会有现在的高级定制时装，因此，他被人们称为“时装之父”。

1909年，柯曾夫人华丽的孔雀礼服。该礼服由查尔斯·弗莱德里克·沃斯设计，他的客户包括世界各地的皇室贵族、一线女演员以及那些新富阶层。

巴黎的时装设计师从20世纪60年代开始引领欧洲时尚潮流，定义了当时的时尚女性着装。由于制作的高成本与有限的客户群，高级定制时装至今还是一个争议性的话题。但是在60年代以前，高级定制时装设计师在潮流创造与革新方面曾起到了重要的作用。

沃斯是第一位享誉世界的高级定制时装设计师。1829年，他出生于英国的林肯郡。在20岁的时候，他独闯巴黎并在1858年开设了第一家以他个人名字命名的时装店。这是历史上第一个时装设计师个人工作室。由于受到法国皇后——拿破仑三世的妻子欧仁妮皇后的青睐，沃斯瞬间成为时尚界的宠儿。他为世界各地的皇室贵族、一线女演员以及那些新富阶层设计奢华的礼服，并因此声名鹊起。在设计方面，沃斯无暇关注配饰方面的设计，如围巾、帽饰或装饰品等，他的关注焦点在于使用奢华的面料包裹女性身体，从而表现出女性优美的身材曲线，其设计的白色薄纱晚礼服更是将他推上了职业的高峰。

沃斯是一位伟大的创新者，当今世界的高级时装定制就深受其影响。他是第一位雇用真人模特展示服装的设计师，也是第一位每年举办新品服装发布会的设计师。他设计的服装为每一位顾客量身定制，并根据每位顾客的想法和需求进行耐心的修改和设计。就像艺术家一样，沃斯甚至会在他亲自制作的礼服上签名。

20世纪早期，沃斯的继任者在1910年联合创建了法国高级时装协会。这个组织积极地向海外推介他们设计的服装，宣传巴黎每年两次的高级定制时装秀，为高级定制的成功铺平了道路。

直到20世纪90年代，法国高级时装协会对入会申请仍有非常严格的限制。近些年，该公会的入会条款才有所放松，允许一些有才华的年轻设计师加入。公会的会员包括克里斯汀·迪奥（Christian Dior）品牌的设计师约翰·加利亚诺，以及一些素来标新立异的设计师，如让·保罗·高缇耶（Jean Paul Gaultier）与维果罗夫的设计师维克托·豪斯丁和罗夫·斯诺恩。当今世界的高级定制时装充满创新，它是奇思妙想与可穿戴衣物的特殊组合，并展示出时尚界那些能工巧匠缜密的手法。现在，高级定制时装依旧是人们热烈讨论的话题，但是其本身的戏剧性与创新性是无可辩驳的。

2007克里斯汀·迪奥品牌春夏时装秀。画面展示的是设计师约翰·加利亚诺的作品。

名利场的诱惑

观念 2

名 流

毫无疑问，我们生活在一个迷恋明星的时代。通过电视摄像机和狗仔队的镜头，明星和富人们的私人生活出现在所有的媒体上，不论是电视、报纸、杂志还是互联网，我们一直不断地被动接收着。

由于互联网能够以“光速”实时报道，因此我们在家就可以即时看到明星出席盛典的时尚着装，不论他们的品位是高雅还是低俗。纵观时尚史，明星们总是对时尚起到了巨大的影响作用。皇室贵族、女明星和贵妇一直都在引领时尚潮流。第一位高级定制时装设计师查尔斯·弗莱德里克·沃斯的成功就是受益于当时的时尚名人——拿破仑三世的妻子欧仁妮皇后的青睐。在20世纪初，社交名媛和女明星的影像出现在明信片和香烟卡上，用来展示最新的时尚流行服饰。从那时开始，名人在时尚界逐渐扮演越来越重要的角色。她们穿着设计师特别设计的服装，在各种重要场合展示最新的流行时尚，相关报道会通过报纸和杂志的报道迅速传播到世界各地。

到20世纪30年代，当时的女性被好莱坞女星在电影中的模样与穿戴所吸引，纷纷尝试模仿。葛丽泰·嘉宝的“战壕服”（也称为“棉风衣”），琼·克劳馥的丰满红唇，玛琳·黛德丽女扮男装、充满魅力的冷酷形象等，都成为她们效仿的对象。而电影公司的服装设计师，如特拉维斯·班顿和吉尔伯特·阿德里安的工作就是确保明星在幕后的日常装扮也要和银屏上一样完美，无可挑剔。

知名影星与时尚设计师之间常常会形成非常密切的互惠互利的合作关系：当一方成功，同样会促进另一方的事业发展。知名女星奥黛丽·赫本与设计师于贝尔·德·纪梵希（Hubert de Givenchy）的合作就是一个典型的成功范例。电影《龙凤配》中，赫本所穿着的礼服成为电影史上最重要的经典礼服之一。而日常生活中，纪梵希为赫本设计的经典黑色细腿裤与一字领上衣也同样成为历史的经典。

乔治·阿玛尼（Giorgio Armani）为理查·基尔在电影《美国舞男》中的表演所设计的服装不仅提升了其自身的知名度，同时也掀起了一阵松垮、宽肩夹克衫的风潮。如今，女星凯拉·奈特利与香奈儿合作，而斯嘉丽·约翰逊也成为路易·威登的代言人。她们不但在银屏前穿着各自代言的品牌服装，在日常生活中也会穿着该品牌的服装，从而达到宣传推广的效果。

在众多颁奖盛典的红毯上，如奥斯卡颁奖典礼，越来越多的服装设计师争相为出席红毯的电影明星设计礼服。同时，在当今这个人人需要曝光率的社会，普通明星的个人价值在某种意义上被降低了。而众多时装公司变得愈加忙碌起来，他们竭尽所能试图吸引大牌明星的注意，希望所设计的服装能够得到在红毯上的短暂展示机会。

对页上图：2009年，模特、明星以及时尚潮流偶像——凯特·摩丝在纽约。她的模特事业、极富影响力的时尚触角以及与英国知名品牌TOPSHOP的成功合作使得她的名字家喻户晓。

对页下图：1953年，在电影《龙凤配》拍摄现场，奥黛丽·赫本穿着于贝尔·德·纪梵希设计的服装。

20世纪30年代，电影明星玛琳·黛德丽手持香烟的写真照。她身着合体西装，浑身散发出的自然、不做作的女性魅力使她成为一代传奇。

短裙套装整洁、漂亮并且合身，看起来又不会显得过于性感。

职业女性的重要套装

观念 3

短裙套装

从17世纪开始，时尚女性就开始穿着套装——但仅限于在马背上。直到19世纪末，套装才逐渐被大众所接受，而不仅仅局限于马术的世界里。

20世纪初的裙套装或量身定制服装，是指在女式上衣外面，套上一件夹克或外衣，下身穿着拖地长裙。当时的女性穿着这样的套装出席社交活动或上街购物。

英国国王爱德华七世的妻子亚历山德拉王后是当时著名的时尚潮流偶像，她挚爱的服装设计师——约翰·瑞德芬为她特别设计的旅行套装之后在时尚界声名远播。这件服装的样式在当时非常前卫摩登，女权主义者也利用这件套装表达自己的政治诉求，对女性只能穿着拖地长裙的旧观念说“不”。这无疑成为20世纪60年代女性长裤套装出现的预兆。直到第一次世界大战爆发，越来越多的女性进入职场，她们开始穿着上衣和短裙结合的套装，这种套装耐久且实用。从此，在办公室穿着鲜亮的长裙装开始变得不合时宜。

20世纪30年代末，社会各阶级的女性开始穿着量身剪裁的流线型短裙套装。她们不但在工作中穿，甚至在婚礼上也会选择短裙套装作为礼服。1942年，英国一些著名的服装设计师，包括诺曼·哈特耐尔（Norman Hartnell）与哈迪·雅曼（Hardy Amies），设计出“翘肩”的女士套装。由于它不需要昂贵的面料，设计方面只需要有限的褶皱，并配以稍短的裙子，符合战争时期特殊的政府经济需求，因此它被英国政府批准大批量地生产制作。

在20世纪60年代“箱型裙（指裙摆撑开、脱离身体的裙子）套装流行风”过后的80年代，女性套装经典再一次回归。蒂埃里·穆勒（Thierry Mugler）和克劳德·蒙塔纳（Claude Montana）完善了职业女性套装，通过紧身短裙以及宽肩上衣体现出职业女性内在的阳刚之气。设计师唐娜·凯伦（Donna Karan）设计出奇妙的职业女性“胶囊衣橱”，教导女性衣橱中只需要备有紧身衣、可根据场合变换的裙装与夹克衫等，就能应对任何场合的需要。因为短裙套装整洁、漂亮并且合身，看起来又不会显得过于性感，所以现在短裙套装已经成为职业女性的首选工作装。

上图：2007年，克里斯汀·迪奥高级定制时装60周年的时装秀上，设计师约翰·加利亚诺的短裙套装作品。

对页：1909年的短裙套装插画。

妇女的解放

观念 4

紧身胸衣的消亡

20世纪初期，欧洲与美国上流社会的女性以束胸为美，她们将身体勒成不自然的曲线并引以为傲。为了成为人们眼中的美人，她们不得不忍受非同一般的痛苦。

她们将自己的身体挤进紧身胸衣之中，这些胸衣都是由坚硬的金属或鲸须制成。在穿着时，需要粗鲁地用丝带将紧身胸衣勒紧。之后还要在女性的臀部和腋下加入衬垫，以突出臀部和胸部，从而达到衬托纤细腰围的效果。最后，在最外面套上一件连身长裙，整体的装扮宣告完成。

在美国，插画家查尔斯·达纳·吉布森（Charles Dana Gibson）的作品倡导了一个新的审美潮流，女人纷纷效仿其画作中的形象，将其视作理想的身材比例。当年，吉布森的画作也由著名女星卡米尔·克利福德（Camille Clifford）完美地呈现出来。如今，她那纤细的腰身则显得非常诡异怪诞。然而，并不是所有的女性都能够承受紧身胸衣给身体带来的痛苦。英国的女性参政者在1904年发起了一项反对限制女性身材服饰的运动，法国也紧随其后。

20世纪初，美国女星卡米尔·克利福德展示着她被紧身束胸勒到已经变形的腰身。

1906年，法国设计师保罗·波烈（Paul Poiret）开拓性地创造了更加柔美的女性服饰，他的灵感来源于18世纪的“帝国线条”（empire-line）高腰设计，这一设计使紧身胸衣的存在变得多余。波烈设计的长裙将腰线提升至胸部以下，裙摆直接垂到地面。女性不再需要展现自己的细腰，因此她们终于可以再次自由地呼吸了。波烈十分自得于他的这次设计所产生的社会影响，他这样写道：“我想，我所倡导的‘抛弃紧身胸衣，采用分体胸罩’的理念和以自由的名义来发动一场运动没什么区别。”波烈设计的礼服，整体感觉是流动的，与维多利亚时代走起路来“沙沙”作响并带有裙撑的礼服完全不同。波烈带来女性新形象的尝试也受到其他时尚设计师的肯定并大力推广，其中包括玛德琳·维奥内特（Madeleine Vionnet）和帕昆时装屋（House of Paquin）。

然而，女人们并没有完全放弃塑身内衣，虽然对鲸须的需求逐渐减少，但是当时的女性仍十分偏爱一种由松紧织物面料制成的塑身衣，她们将其从臀部向上套，依靠它来抚平女性腹部的同时，也解放了上半身。当然，这些都并不完美，因为还是限制了女性腿部的移动。随着第一次世界大战的爆发，出现了更多的职业女性，她们的工作要求她们四处走动。因此，塑身衣开始变得越来越短。最后使塑身衣演变成现代式样的可伸缩的紧身褡，它刚好可以包裹住臀部和腹部，并配合胸罩穿着。

女性不再需要展现自己的细腰，因此她们终于可以再次自由地呼吸了。

1911年，画家乔治·勒帕普的雕版画。画中展示了设计师保罗·波烈的帝国线条高腰设计长裙。

阿尔伯·艾尔巴茨（Alber Elbaz）采用福琼尼褶裥方法为浪凡（Lanvin）2005春夏时装展设计的作品。

福琼尼发明了永久褶裥的制作方法，并申请了专利。

观念 5

特尔斐礼服裙

1907年，西班牙时装设计师马里艾诺·福琼尼革命性地设计出著名的特尔斐礼服裙，为女性着装提供了另一种选择。尽管他的职业是时装设计师，但他更乐于将自己视为一名画家、艺术家或发明家。

1910年，演员以及歌手丽金·弗洛里穿着由设计师马里艾诺·福琼尼设计的特尔斐礼服裙。

他的主旨是通过服装来展现女性的身材魅力。他为不受世俗约束的俄罗斯芭蕾舞演员安娜·巴甫洛娃（Anna Pavlova）和现代舞演员伊莎多拉·邓肯（Isadora Duncan）设计服装。邓肯因为试图抛弃传统，并在舞台上以半裸的方式表演而在当时饱受质疑。

由真丝缎制成的褶裥特尔斐礼服裙可以被随意卷曲或折叠起来放置于一个小盒子里面。当从盒子中拿出并再次展开时，裙子依然呈现出完美的整体形态和完好如初的褶皱。福琼尼发明了永久褶裥的制作方法，并申请了专利。特尔斐礼服裙并没有使用传统的缝合技术，它由肩部开始下垂，并良好地贴合女性的身体。裙装一般选择鲜亮的颜色，有的时候也会使用渐层染色的方法，因此整件裙装的每一个色块看起来都能够相互融合。此外，设计师将真丝缎带缝入面料之中，并利用缎带在颈部或腰部起到收紧塑型的作用。最后，设计师使用产自威尼斯的精致的穆拉诺（Murano）牌玻璃珠完美地点缀整体服饰中的头纱和裙摆，就这样，一件特尔斐裙就完成了。

福琼尼的特尔斐礼服裙的灵感来源于古希腊传统以及英国的唯美主义运动。他以一座著名的古希腊雕像为自己设计的裙装命名，这尊真人大小的青铜雕像是他的灵感来源，这就是《特尔菲的驾车人》（*The Charioteer of Delphi*）。

特尔斐礼服裙吸引了大批拥有前卫解放思想的女性，她们希望能够充分表达自我，摆脱紧身胸衣与僵硬礼服的束缚，从而能够更加自由地行走。特尔斐礼服裙穿起来很迷人，同时拉长了女性的身材线条。最初，人们只敢在家中穿着特尔斐礼服裙，直到20世纪20年代，特尔斐礼服裙才逐渐出现在公共场合。著名的巴黎设计师玛德琳·维奥内特同样热爱古希腊文化，她发明了“斜裁法”。当时，她设计的服装只有富豪或名流才能穿着。不久后，美国设计师玛丽·麦克法登（Mary McFadden）将福琼尼的褶皱法进行了实验性改良。而日本的设计师三宅一生（Issey Miyake）则继承了福琼尼的衣钵，1933年首次举办了他的三宅褶皱（Pleats Please）品牌时装发布会。

托起和集中

观念 6

文　胸

女性穿戴简单的胸衣（也被称为“胸部支撑器”）始于19世纪80年代。但直到30年后，人们才开始为胸衣加上真正“时尚”的元素，其根本原因是20世纪初期出现的“帝国线条”服装设计。

如果想将“帝国线条”服饰穿得更加迷人，最好在里面穿一件束腹或裹到腰部上方的短款束身衣，另外再搭配一件女士内衣。从1890年到1917年，许多设计师成功地开发了不同款式的女士内衣，这些设计师有塞缪尔·戈萨德、罗丝·克莱纳特以及加布里埃尔·普瓦等。最著名的女性文胸是由美国人玛丽·菲尔普斯·雅各布在1914年设计的，她使用两条手帕加一条丝带结成一件类似胸罩的内衣。玛丽在婚后有了更迷人的名字——卡蕾丝·克洛斯比，她用此名为自己的发明申请并获得了专利。她设计的内衣看起来非常漂亮，只是不能起到支撑的作用，因此胸部丰满的女性无法穿。

到20世纪20年代，大多数女性开始接受一种由松紧带制成的窄式文胸，这是一款类似绷带式的内衣，其效果是将胸部裹平，从而达到当时流行的“男性化”的身形。然而，一些新兴的内衣公司，如“可爱少女文胸公司”为迎合部分客户需要，开始生产定制新型的自然支撑式文胸。20世纪30年代，出现了新的内衣罩杯尺寸，并为胸衣内部增加了衬垫和支撑。到了40年代，制作文胸的新材料出现了，包括尼龙和耐久性强的弹性纤维，它们成为当年文胸设计的理想材料。

20世纪50年代的美国女星，如简·曼斯费尔德，利用自己性感的身材凸显了胸衣在支撑方面的设计改良。当时最流行的新设计是将女性胸部托起至极限。这种性感的形象激起了一代年轻人追求“紧身衣女孩”的风潮，她们穿着紧身的上衣，突出自己丰满的胸部。而到了60年代，人们又开始不穿内衣了。因此，1964年鲁迪·吉恩里希（Rudi Gernreich）设计出一款“隐形胸罩”，他使用的材质纤薄透明，穿在身上仿若无物。随后，在70年代，其他的设计师也开始追随鲁迪的脚步，设计“隐形”内衣。

到了20世纪90年代，对胸部完美支撑的风潮再次回归，“魔术”胸衣开始风靡全球。它将女性的胸部托起并集中，显露出乳沟。“魔术”胸衣的广告邀请了性感超模爱娃·赫兹高娃，并加上一则标语“你好，小伙们”，这个宣传令“魔术”胸衣有了大批忠实的拥趸。1994年，知名设计师维维安·韦斯特伍德之子约瑟夫·科雷作为创始人之一，在英国伦敦创办了女性内衣品牌——大内密探（Agent Provocateur，简称AP）。他力图再掀性感风潮，“大内密探”的橱窗陈列很具诱惑性，穿着艳丽紧身衣的模特摆出各种令人浮想联翩的姿势。在当时，人们只要提起“大内密探”就会联想到“红灯区”，而不是那些高档的购物场所。由此可见，女性文胸经历了漫长的历史发展过程。

2010 年，性感内衣品牌“大内密探”的内衣套装。

对页上图：20 世纪 30 年代早期的女性文胸。

对页下图：1951 年，美国性感影星简·曼斯费尔德在一次晚上外出时，突然向人们展示她的性感内衣。

20世纪20年代以后，人们基本上都会选择白色作为婚纱的颜色。此外，婚纱的剪裁要求也日趋精致、时尚。1968年，女星莎朗·塔特在嫁给罗曼·波兰斯基时，穿着一件白色超短连衣裙。

只属于新娘的颜色

观念 7

白色婚纱

1840年，当维多利亚女王与她的表兄阿尔伯特亲王结婚时，她所穿着的婚纱掀起了一阵浪漫风暴。对于皇室成员而言，维多利亚女王的婚姻不同以往，因为它并不是政治联姻，而是因为真正的爱情，两人最终走到一起。传统的皇室婚礼上，女王应穿着镶满珠宝的金色或银色长袍晚礼服，配上尊贵的皇冠。然而，在婚礼当天，维多利亚女王却选择了一身白色锦缎与蕾丝相间的婚纱，并在发间简单地装饰着橘色的花朵。

维多利亚女王婚礼上反传统的白色婚纱，在19世纪掀起一阵浪漫风潮。而且，这件婚纱的出现也影响了整个20世纪的婚纱时尚。

传统上来讲，女性在结婚时会选择蓝色、粉色或是她们自己最喜爱的颜色来制作婚纱，以便在之后的日常生活宴会中也能够有机会再次穿着。对于工人阶级的女性来说，她们一般会选择非常实用的黑色。然而，维多利亚女王婚纱颜色的选择实在是惊人之举，并迅速引起了公众的注意，进而成为流行风尚而广泛流传。很快，所有的新娘都想在自己的大婚当天穿着白色的礼服。最初，这一流行仅限于上流社会或富人阶级。毕竟并不是所有人都能负担得起如此一笔奢侈的花销，因为一件奢华的白色婚纱在女人年华老去之前，难得再有几次穿着的机会。

到了20世纪20年代，对于西方国家的新娘而言，白色成了唯一的婚纱颜色。随着社会各阶级之间的区别越来越模糊，已经很难通过一个人的穿着来判断其社会等级。所以，如果一名贵妇可以在结婚的时候穿着白纱，那她的女仆为什么不可以呢?

因此，白色婚纱迅速在全球风行，并成为新娘们的唯一选择。同时，白色也为新娘赋予了“纯洁”“忠贞”的寓意；曾经被认为代表纯洁的蓝色已经被人们所厌弃。此外，穿着白色礼服结婚并不意味着一定要选择长长的拖尾纱裙。20世纪70年代，当时的时尚偶像碧安卡·贾格尔（Bianca Jagger）就选择了一套白色的短裙套装；而女星莎朗·塔特（Sharon Tate）在1968年结婚时则穿着一件非常短的白色超短连衣裙。更加极端的例子还包括性感女星帕米拉·安德森（Pamela Anderson），2006年她脚蹬高跟鞋，身穿白色比基尼在法国圣特罗佩镇与其深爱的男友完婚。

曾经的结婚礼服可以反复穿着，而现代新娘则宁愿斥巨资购买只能穿一次的婚纱。它可能是女人一生中所穿的最昂贵的一件礼服，虽然不实用又奢华，而且只能穿着一次，但是对于现代新娘来说，选择婚纱，没有什么比白色更适合的了。

来自皇宫和国会的时尚偶像

观念 8

皇室和政治人物

皇室成员、政治家以及他们高调的夫人们，其衣着品位对公众能产生很大的影响。他们对自己服装的选择，不但能够提升他们专属的时装设计师的知名度，而且也会催生一大批盲目的“山寨模仿者”。

众多时尚达人，如杰奎琳·肯尼迪、戴安娜王妃总是在试图把握一种平衡，也就是如何在保持优雅和时尚的同时，时刻准备面对大众媒体对她们身上所穿戴的一切加以评判和监督。

英国国王爱德华七世的妻子亚历山德拉王后，是19世纪末20世纪初的时尚偶像，她有着包裹脖颈的镶满珠宝的项链以及高领上衣套裙。而另一位更有影响力的女性则是沃利斯·辛普森夫人，正是因为她，爱德华八世于1936年向世界宣布放弃大英帝国的王位。人们并没有因此而排斥辛普森夫人，反而为她古典、优雅的品位倾倒并争相效仿。设计师梅因布彻为她设计的婚纱使她名噪一时，而且正是因为这件蓝色的礼服，使这种颜色多了一个名字——“沃利斯蓝”。

过着童话般生活的格蕾丝·凯利是整整一个时代女性心目中的偶像，她的经历给了人们梦想和动力。凯利最初是好莱坞的知名影星，之后嫁给了摩纳哥王子雷尼尔，成为摩纳哥王妃。人们疯狂地模仿格蕾丝王妃沉静、优雅的穿衣风格，甚至连皮具名店爱马仕也将其设计的手袋以格蕾丝王妃的娘家姓氏命名，这就是风行全球的“凯利手袋”。1949年，当银幕女神丽泰·海华斯和阿拉伯穆斯林王子阿里·汗结婚时，设计大师杰奎斯·菲斯（Jacques Fath）为她设计的蓝色礼服相当惊艳，也被后人争相模仿。而最出名的皇室时尚人物可能非英国的威尔士王妃戴安娜莫属，她似乎永远都生活在聚光灯下。

在政坛上拼搏的男性似乎很少得到时尚界的关注，但他们的妻子却总是成为时尚界的宠儿。美国前第一夫人杰奎琳·肯尼迪充满个人风格的经典套装、镀金链条的挎包以及直筒连衣裙都成为人们模仿穿着的对象。而说起现代的政坛时尚风云人物，不得不提到米歇尔·奥巴马。作为白宫历史上唯一一位黑皮肤的第一夫人，在出席总统就职典礼时，她身着一袭仿古希腊风格、多层次束胸的白色礼服，成为全球最轰动的时尚事件。而这套礼服的设计师吴季刚也在一夜之间成为炙手可热的高级时装设计师。法国总统尼古拉斯·萨科齐的夫人卡拉·布吕尼同样也为政治世界带来一阵时尚旋风。她钟爱端庄的迪奥大衣、精致的芭蕾鞋，加上她姣好的容貌，这一切都自然而然地提升了政坛时尚的评判标准。

顶图：电影明星、摩纳哥王妃、时尚偶像格蕾丝·凯利在她的婚礼上。

上图：作为法国第一夫人，名模出身的卡拉·布吕尼在日常生活中也非常注重着装，证明自己的时尚品位。

20世纪70年代，美国西南航空公司空中小姐的制服是紧身短裤。这家得克萨斯航空公司的标语是“性感带动销售”，而舱内提供的鸡尾酒名称也很特别，如“浓情宾治”（passion punch）和“爱情魔药”（love potion）等。

大声地、骄傲地说出来

观念 12

抗议服装

如果抗议者能够把想要传达的信息展示在自己的衣服、袖子上，而且所达到的效果与大声疾呼没有什么差别，那谁还会去选择叫嚷着抗议呢？20世纪初那些主张妇女参政权的倡导者，她们不是将自己置于危险之中或绝食抗议，而是轻松地走在路上，身上穿着代表着抗议主题颜色的服装——白、绿、紫相间的衣服，白色代表纯洁，绿色代表希望，紫色代表尊严。

上图：1971年，美国“黑人骄傲”运动的激进分子安吉拉·戴维斯。她的非洲黑人头发型传达出支持种族平等的信号。

下图：1911年妇女参政权倡导者们印制的乐谱，该运动的主题色是白色、绿色和紫色。

抗议服装一直在不断地影响主流时尚。非洲“黑人头发式”（Afro hairstyle，也称“埃弗罗发式”），最初被人们用作“黑人骄傲”的标志。运动的激进主义者斯托克利·卡迈克尔和安吉拉·戴维斯骄傲地炫耀自己的黑人头发式，而该发型因为歌手詹姆斯·布朗而迅速成为时尚风潮，这一发型从1968年开始流行。那一年“黑豹党”以其激进的装扮而闻名，他们身着统一的黑色皮衣，配上具有非洲、古巴风格的高跟鞋。与之相似的是，20世纪60年代女权主义先驱杰梅茵·格里尔提出“女性内衣是一个荒谬可笑的发明”，这成为女权主义者的口号，并倡导女性抛弃内衣。尽管这一主张很快就失去了其政治价值，但在六七十年代，社会也开始接受女性不穿内衣出门。而当嬉皮运动兴起之时，作为反对越南战争的运动之一，人们迅速接受了嬉皮士们宽松、多层的穿衣风格，并将其纳入当时的时尚潮流。

英国设计师凯萨琳·哈姆内特在1984年推出了“选择生活”系列服装，其上印有关注世界和平和环保主题的粗体标语；也是在同一年，设计师哈姆内特接受英国首相撒切尔夫人接见时身穿抗议T恤——上面标有“58%的人反对潘兴导弹”，此举也使设计师哈姆内特一夜成名。在场的摄影师将当时接见的场面永久地记录下来，第二天该图片便出现在全球各大媒体上。哈姆内特将抗议标语T恤引入时尚界，在2003年的时装秀上又再一次推出印有“停止战争，布莱尔滚蛋”标语的反战T恤，希望借此抗议伊拉克战争。

为了抗议而穿着特殊服饰并不仅仅局限于单一主题的抗议活动。这些抗议者使用回形针作为饰品并穿着怪异的服饰，所有的饰物都在试图充分地彰显他们叛逆的本性。相反，有的时候正因为没有添加任何服饰元素，才能达到最好的抗议效果。善待动物组织（PETA）在20世纪90年代发起了一系列著名的宣传活动，在宣传广告大片中，他们邀请明星全裸出镜，并打出“我宁愿一丝不挂，也不穿动物皮毛”这样的标语。为了增强大众对此次活动的印象，PETA的抗议者手举着印有相同字样标语的横幅——“一丝不挂”，如风暴一般冲上2007年巴黎时装周的T台。

不论是穿着太过讲究还是选择裸露，服装不仅仅能够用来展示女性魅力，也能起到震慑人心的效果。

2007年，女星霍莉·麦迪森为善待动物组织全裸出镜。

2009年，超模阿格妮丝·迪恩参加了由路易·威登主办、向美国涂鸦大师斯蒂芬·斯普劳斯致敬的酒会。在酒会上，她身穿个性剪裁的印花夹克，手拿一只柠檬绿色的斯蒂芬·斯普劳斯涂鸦系列的LV手袋。

从波烈到璞琪

观念 13

醒目的图案

在19世纪末期，清淡柔美的色彩图案被人们认为是富裕、品位和高雅的标志。然而，这种对于颜色和设计矜持保守的理念并没有流传下来。

在20世纪，社会对女性的要求不再是谦卑、低调或不露锋芒，越来越多的人开始大胆尝试醒目的颜色和图案，以此来作为一种自我表达的方式。设计师保罗·波烈为当时的时尚界注入一剂强心针，他引用了鲜艳的东方色彩、大胆的图案和印花，其设计的灵感来源于1909年俄罗斯芭蕾舞团在巴黎的演出。这种设计很快就大受追捧，女性纷纷希望拥有这一全新的、富丽堂皇色调的服装，并十分享受其所表达出的年轻趣味。

丝网印刷技术是对纺织印刷技术的一次革新创造，尽管有些印花经历了第二次世界大战的洗礼，但它的生命力还是很强，直到20世纪50年代，那股明亮、轻松和表示乐观的印花花样才逐渐从人们的视线中消失，取而代之的是在宽摆短裙和长裙上出现的条纹、花朵和格纹图样。更为大胆的是来自意大利的贵族设计师艾米里欧·璞琪，他喜欢运用丝绸面料辅以鲜艳的旋涡状图案。他主要关注高端的休闲服饰市场，并设计轻盈的印花丝绸连衣裙。

20世纪60年代的年轻人被这些大胆、个性的印花图案吸引，这些图案还包括波普艺术和欧普艺术的设计、灵感来源于荷兰画家蒙德里安画作的设计师伊夫·圣·罗兰的作品，以及彰显夸张花朵图案和彩色条纹的设计等。索尼亚·纳普作为温加罗品牌的设计师，在运用鲜艳的颜色设计印花图案时，还尝试了更加柔和的手法进行创作。直到60年代末，嬉皮士运动引发了人们放弃几何图案转而追求拼接印花的风潮，扎染、佩斯里印花等均深受远东文化的影响。当时的英国设计师奥希·克拉克设计了薄纱和轻缎礼服，而服装上自然流动的个性印花则是由他的妻子西莉亚·伯特威尔亲自设计印制的。

1987年，设计师克里斯汀·拉克鲁瓦（Christian Lacroix）创建了自己的第一家高级定制时装店，由此在时尚界一炮而红。他选择独特的面料、鲜艳的颜色并配以夸张的印花设计，服装上缀有串珠和精致的刺绣。而詹尼·范思哲受到巴洛克和拜占庭经典文化的影响推出黑色与金色的混搭印花设计，也受到时尚界的高度关注。

涂鸦式印花影响了一批设计师，包括维果罗夫、莫斯奇诺和马丁·马吉拉，他们希望为自己的作品注入现代都市感。1983年，设计师维维安·韦斯特伍德在自己的作品中采用了美国涂鸦艺术家基斯·哈林的作品作为服装的印花设计；而另一位美国涂鸦大师斯蒂芬·斯普劳斯在21世纪初与设计师马克·雅可布（Marc Jacobs）合作设计推出了以斯普劳斯标志性的涂鸦字体作为设计主题的路易·威登系列手袋和行李箱。在时尚界，高端奢侈品牌设计再一次借用了街头艺术的灵感。

上图：1966年，德国女伯爵、世界超模薇露西卡在展示她身上的这件由设计师艾米里欧·璞琪设计的艳丽印花上衣和长裤。

下图：1911年，画家莱昂·巴克斯特为俄罗斯芭蕾舞团创作的作品。该舞团为众多时尚设计师带来了设计的灵感，其中包括保罗·波烈，他采用了大胆的图案和印花，并借鉴了东方的文化元素。

时尚圣经的出现

观念14

《时尚》杂志

对页：1928年7月，英国版《时尚》杂志封面。

到20世纪末期，时尚杂志在时尚界的影响力不容小觑，杂志的编辑甚至仅靠只言片语就能决定一位设计师或某一流行趋势在时尚界的生死沉浮。其中影响力最大的一本杂志就是《时尚》，它不仅是全世界最著名的时尚杂志，也是历史最悠久的时尚类杂志之一。它为之后众多的追随者树立了时尚类杂志的品质与风格的标杆。现在，《时尚》杂志已经在全球19个国家出版发行。

1892年，亚瑟·鲍德温·特努尔（Arthur Baldwin Turnure）创办了《时尚》杂志。最初，这本杂志只是以一本小型纽约社区周刊的形式出版。直到1909年特努尔死后，一位年轻的律师兼出版商康泰·纳仕（Condé Nast）收购了《时尚》杂志，并对其进行了全面的变身改造——他为杂志增加了更多丰富的配色、广告以及与社会和时尚相关的报道。该杂志不再以周刊形式推出，而改为半月刊。由此，杂志开始变身为令人兴奋的、极具魅力的时尚杂志，其目标读者群也被锁定为那些富裕的上流社会女性。更为重要的是，纳仕努力说服广告商花费巨资在杂志上投放广告，从而能够得到那些有见识的读者的注意。因此，杂志在开始赢利的同时，其内容也越来越吸引人。杂志随后推出的英国和法国版本也非常成功。

纳仕聘用了著名的人像摄影师拜伦·阿道夫·德迈耶作为杂志旗下的首位专职摄影师，杂志风尚魅力版块的品质也因此得到了提升。此前，社交名媛身着最新款连衣裙的图片一直是《时尚》杂志的重要标签性内容，但现在纳仕加入了明星与貌美的社交名人的时尚图片，读者由此可以看到名人在镜头前如何演绎最新的流行时尚。

1916年，当《时尚》在英国发行时，正值第一次世界大战时期，当时整个社会的士气非常低落，但这一点竟对杂志的发行起到推动作用。男人奔赴前线战场，留守在国内的女人们只能让自己沉溺于《时尚》所勾画的绚丽的时尚世界，希望借此来逃避残酷的现实。她们也非常希望能够在杂志社找到与编辑相关的工作。战争结束后，全新的中产阶级成为时尚杂志的重要读者群。

杂志的订阅量在大萧条时期和第二次世界大战期间迅猛增长。当物质食粮减少时，女人们便开始购买属于她们的精神食粮——《时尚》杂志。记者佩内洛普·罗兰兹在为20世纪20年代《时尚》杂志的主编卡梅尔·斯诺（Carmel Snow）撰写传记时写道："《时尚》杂志是时尚界的顶峰、最高点，是至高无上的尖端。这就是'它'！独一无二，无与伦比。"

Paris Forecast & Clothes for Scotland

1998年，克里斯汀·迪奥秋冬系列时装发布会上，超模琳达·伊万格丽斯塔在展示一件鲜艳动感的拼接印花大衣。

观念15

全球化影响

西方的时装设计师从世界其他文化和国家中获取灵感，丰富自己的设计作品。不论这些灵感是来源于旅行还是书籍或工艺品，颜色、印花、轮廓或整体的全球主题都能够帮助他们为时尚注入全新的能量和元素。

2010年，约翰·加利亚诺秋冬系列时装发布会展示了充满动感的游牧民族风系列。

1909年，当俄罗斯芭蕾舞团首次在法国巴黎演出时，他们的异域服饰曾引起一阵轰动。尤其是舞团中著名的传奇舞者尼金斯基，他被涂抹成蓝色并穿着一条十分扎眼的土耳其长裤。时装设计师保罗·波烈因此受到启发，在自己的设计中添加了更多的异域颜色和东方元素，包括穆斯林头巾、羽毛饰品、日本和服和哈伦裤。这些设计瞬间攀升至时尚顶峰，那些试图涉足奢华世界的人趋之若鹜。

受此影响，众多设计师在1917年开始尝试使用斯拉夫民族的印花样式，之后不久，更多的埃及和中国元素也开始被设计师采用。在两次世界大战之间，中国和日本元素相关的设计成为时尚界的宠儿。

20世纪70年代，随着民用航空旅行的普及，全球旅行变得越来越便捷，不同国家文化在时尚方面的交流也越来越频繁。曾在亚洲游走的嬉皮士带来了刺绣马甲背心、阿富汗大衣、土耳其长衫，以及吉卜赛上衣，他们穿着颜色鲜艳的长裙到处游走，在炎热的天气里身着宽松的、多层混搭的衣裙。设计师从中获得灵感，并结合全球其他文化的穿衣风格，发展出一种奢华的嬉皮士风格审美。伊夫·圣·罗兰令人印象最深刻的时尚秀之一就是在1976年展出的俄罗斯系列成衣设计——夸张的异国农夫靴、披肩和摇曳的长裙。正如塞西尔·比顿在他的日记中对圣·罗兰的评论："在马拉喀什的生活影响了伊夫·圣·罗兰在服装和刺绣方面的设计风格，他的创意中用简单柔和的织锦，配以古旧的线绳，这些都展示出早期波斯艺术的影响和局限性。此外，在用色方面，他还受到了中国文化中擅用耀眼颜色的影响。"

三宅一生和山本耀司等日本设计师的设计，影响了20世纪80年代的时尚界。他们采用了包裹和多层叠加的设计，体现了优雅的东方风情。范思哲借鉴了印度垂坠褶皱服饰的风格，而里法特·沃兹别克（Rifat Ozbek）则将北美印第安风格的羽毛和华丽珠缀装饰融入自己的设计当中，服装上面的印花则借用了土耳其伊兹尼克地区彩陶瓦片的纹样设计。

设计师罗密欧·纪礼、让·保罗·高缇耶和约翰·加利亚诺一直在不停地吸取和借鉴全球各地文化的精髓。加利亚诺为迪奥品牌进行设计创作，而他的自有品牌也体现出各种文化混搭的精彩设计，如闪亮串珠的衣领取材于马萨伊文化，而裙装和宽大的和服袖口的灵感则来自日本等国。加利亚诺的设计展现出其周游世界、采集各地文化的历程，他让各种风格的美交汇，将极致的繁复华丽带到时尚T台。

家政服务的衰亡

观念 16

自制服饰

19世纪和20世纪初的上流社会对女性全天的着装有着非常复杂的要求，包括日常服装、拜访做客的服装、茶会礼服以及晚礼服，等等。比如，及腰长的秀发每天晚上必须小心地梳理，次日清晨又需要十分精巧地将头发梳起来，而且每天都需要穿着紧身胸衣。所有这些繁杂的步骤，没有女仆的帮忙是不可能完成的。

在当时的上层以及中产阶级家庭中，每个人都将家政服务视作理所应当，可是第一次世界大战改变了这一切。在英国，许多工人阶级的妇女决定离开原本的雇主，进入社会从事传统上本应是男人做的工作。战争结束后，中上层阶级家庭试图召回他们的仆人，但是并不成功。原来的仆人希望能够在为国家服务的岗位上工作，如交通运输、工厂或普通职员等。他们非常享受独立的滋味，而且所得到的薪水也要比之前高，同时他们还希望自己在社会上的地位能够逐渐提升。

20世纪20年代，几乎每个人都开始穿深色的休闲运动装（原本只是工人阶级的服饰）。这种服装对熨烫、修补和洗涤的要求并不高，而且可以在很短的时间内迅速穿上。此外，简单的发髻或实用的波波头意味着可以节省在梳妆台前几小时的时间。波波短发、伊顿式发型（剪得像男孩的发型），以及欣格型短发（屋盖式短发）迅速流行，它们也更方便日常打理。

当工人阶级的妇女开始享受全新工作岗位上自由的滋味时，中层和上层阶级家庭的女性终于可以摆脱那些设计精致，但穿着不适且耗费时间的服装了。“在佣人紧缺的情况下，如何能迅速穿衣已经成为当下中高阶层妇女严重的问题。夏帕设计了围裙和下厨的服装，从而使美国的家庭主妇在依旧可以保持迷人身段的同时，也能亲自下厨煮饭。”艾尔莎·夏帕瑞丽1954年在她的自传《令人震惊的生活》中写道。

可可·香奈儿与让·巴杜（Jean Patou）为“咆哮的20年代”推出了全新的设计，展现出现代感、流线型、多点男人味道的女装服饰。这与20年前女性们穿着裙撑，系着紧身胸衣的拖尾长裙完全不同。

第二次世界大战后，许多便捷家电的发明——如冰箱、吸尘器等，使人们对佣人的需求更小。而更重要的是，并不是所有的中上层阶级还拥有战前的财富，因此也无法负担雇用人的开销。曾经的生活方式已渐渐远去。

最左图：1911年的广告。巴黎的“美丽年代”时期的社会女性，没有女仆的帮助是无法自己穿上衣服的。

左图：1928年，身着黑色串珠礼服、毛皮装饰的大衣，剪着光滑短发的女性是“咆哮的20年代”的缩影。

中层和上层阶级家庭的女性终于可以摆脱那些设计精致但穿着不适且耗费时间的服装了。

古铜色的魅力

观念 17

日光浴

在维多利亚时代末期，没有哪个优雅的女人能够忍受被晒黑的肤色，因为棕色的面庞和双手是工人阶级的典型特征，它暗示了此人长期在田地中从事繁重的体力劳动。上层社会的女性在户外都竭力用软帽和阳伞来保护自己，以维持当时流行的苍白肤色。

1960年，性感女星碧姬·巴铎在法国南部的圣特罗佩半裸上身进行日光浴而引起轰动。

20世纪20年代，由于日光浴的风行，一股全新的时尚风吹来——不论是否在海边，人们都十分乐于通过裸露的服装来展示自己被晒成古铜色的皮肤。在20世纪初，医生与科学家就开始积极地推广"阳光疗法"，因为当皮肤暴露在日光下的时候可以自主生成维生素D，所以人们开始对日光浴产生兴趣。在20年代，有人见到知名设计师可可·香奈儿正在享受日光浴，其身体皮肤呈现出漂亮的古铜色。之后，众多的追随者决定，她们也要一身金色的、被太阳"亲吻"过的肤色，而当时最理想的日光浴场所就是法国的里维埃拉。到1923年，"十二月褐色"已经成为一种身份的象征，暗示着此人能够享受奢侈的冬季旅游。

时装设计师迅速对这一全新风潮做出回应。让·巴杜、索妮娅·德劳内（Sonia Delaunay）和艾尔萨·夏帕瑞丽设计出大胆、引人眼球的泳衣，他们使用鲜艳的颜色，希望借此来突出人们黝黑漂亮的肤色。20世纪30年代，吊带领泳装的流行令人们能够展现自己那被晒黑的流线型金色美背，这样的美背在穿着白色紧身露背晚装时将更加迷人。接下来的10年，人们又设计出休闲的露肤沙滩套装，包括能够显露小腹的上衣、短裤以及夹脚凉拖等。

体主义者的举动并没有得到时尚界的大力支持）。比基尼往往由小块的三角形布料组成。在泳衣的设计方面，有时会出现切口或穿孔的设计，以此来达到露肤的目的。然而，如今日光浴已经不能成为一种健康的治疗手段。长期在太阳下暴晒容易

《在海边浴场》——1924 年，画家乔治·巴尔比的作品，展现了威尼斯海边沙滩上享受日光

女孩中性化

观念 18

女性裤装

如今的西方世界，当你走在任何一座城市的街道上，总会看到越来越多的女性穿着裤装。然而，在20世纪20年代之前，整个社会都无法像现在一样接受女性裤装。

1910年，可可·香奈儿借鉴男装设计特点，穿着“游艇裤”。

法国的传奇女星莎拉·伯恩哈特（Sarah Bernhardt）在19世纪末大胆地在舞台上穿着裤装出现。当时刚刚兴起自行车热潮，女性出于实用方面的考虑，开始选择穿着分离式裙裤。

1909年，设计师保罗·波烈受到俄罗斯芭蕾舞团舞蹈演出服装的启发，从而设计出哈伦裤——它是一种有两条宽松的裤管，脚踝部位由一条绑带连接起来的裤装。在法国的海边度假小镇多维耶，可可·香奈儿设计出优雅的“游艇裤”。最初只是她自己穿着，慢慢地，这种裤子被那些欣赏她穿衣风格的拥趸所追捧。香奈儿解释说：“这里是多维耶，在沙滩上我从来不喜欢穿着泳衣。因此我为自己买了一条白色水手裤，配上穆斯林式包头巾和长串的宝石项链。这样能使我看起来更像一位印度皇妃。”20世纪20年代，女性开始将裤装作为海边休闲或家常便服来穿，只有极少大胆的叛逆者才敢将裤装穿到大街上。

著名的电影明星玛琳·黛德丽（Marlene Dietrich）是一名双性恋者，人们常称她为“好莱坞着装最靓丽的男人”。在20世纪三四十年代，由于她在白天大胆地穿着西服套装而引起轩然大波。巴黎警察局局长认为她的穿着太令人“震惊”，因此下令将黛德丽驱逐。

在第二次世界大战期间，因为战事需要，人们开始普遍地接受在战地和工厂工作的女性穿着裤装。然而当1945年和平年代开始时，这些女性又换回了曾经的裙装。当时，女性穿着裤装仍旧被认为是没有魅力和不自然的。不过，七分裤、百慕大短裤（或称“沙滩裤”）和在膝盖处用带子系紧的紧腿裤仍旧被女性当作休闲装穿着。

一直到了“摇摆的60年代”，女性才真正开始适应舒适且实用的男士裤装，她们不论上班还是去参加派对，都会选择裤装出席。然而，对于某些人来说，这样的举动还是过于大胆，因此当穿着裤装的女性在进入一些正式场所或高级餐厅时，常常会吃到“闭门羹”。1966年，伊夫·圣·罗兰设计了女性贴身西服套装，将裤装元素加入其中，这一设计被称为“吸烟装”，在刚刚推出的时候，也曾备受争议。然而当人们能够完全接受裤装成为裙装或女性套裙的替代选择时，它最终成为经典。对于女性来讲，它是正式且优雅的套装，适合每一个人。女性终于能够穿着裤装到达任何场所，并获得应得的尊重。

穿着裤装的女性在进入一些正式场所或高级餐厅时，常常会吃到“闭门羹”。

20 世纪 40 年代，著名电影明星玛琳·黛德丽因为明目张胆地在公共场所穿着裤装并表明自己双性恋的身份而受到大多数人的质疑。

时尚偶像碧安卡·贾格尔在 1972 年穿着三件套西服套装，看起来十分优雅、大方。

全新的人工丝绸

观念 19

人造丝

“人造丝”是最早用作服装面料的人造纤维之一。人们最初知道这一纤维时，称它为“艺术丝绸”“光泽丝”“纤维丝绸”。它的特点是柔软且有光泽，因此常被用作丝绸、天鹅绒、绉纱以及亚麻布的替代品。1924年，它的名字正式被改为“人造丝”。由于人造丝穿起来非常舒适，制作成本很低，而且容易染色，因此它的出现为服装市场带来了新一轮的变革。

20世纪20年代的一幅广告海报，宣传人造丝长筒袜的好处。

19世纪80年代，法国人伊莱尔·德·夏杜内伯爵（Count Hilaire de Chardonnet）在研究了蚕丝的特性后，使用纤维素溶液进行纺丝，制得了第一种人造丝并开创了使用化学制剂纺丝的先例。然而真正提取黏胶纤维的方法是由三位英国化学家在1892年研究创造的，他们是查尔斯·弗雷德里克·克罗斯、爱德华·约翰·比万和克莱顿·比德，他们也将这一技术申请了专利。这一方法的原料实际上来源于木质纸浆，因此也不能称为真正意义上的人造制品。而第一个完全通过黏胶纤维丝纺织出的纤维织物，出现在1910—1914年。

在20世纪20年代，服装制造商使用人造丝制作廉价的裙装、衣服衬里、衬裙、女式短衬裤和长筒袜。随着技术的不断完善，人们有能力去除纤维的人工光泽，从而让人造丝更适合制作编织制品和更加昂贵的日常服装或晚礼服。那些30多岁、生活拮据的妇女，开始放弃真丝制品，选择购买人造丝制成的蕾丝衬裙和连裤紧身内衣。对于经济大萧条时期生活清贫的普通人来讲，这无疑是最好的选择。另一方面，高端时装设计师如艾尔萨·夏帕瑞丽开始尝试将人造丝与自然纤维混合。人造丝本身并不是非常有弹性，但是当它与醋酸纤维素合成后，便会制成一种更结实、更便捷实用的纤维，这种纤维不但可以保持形态，而且不容易起皱，因此也节省了熨烫衣物的时间。

人造丝的众多优势之一就是能够在生产阶段进行控制，从而能将其制成仿羊毛、仿真丝、仿棉或仿亚麻的制品。现在人造丝仍旧被用来制作女装、运动服、裙装以及西装等，而且人们常常会选择在生产过程中混入其他纤维来进行制作。

那些30多岁、生活拮据的妇女，开始放弃真丝制品，选择购买人造丝制成的蕾丝衬裙和连裤紧身内衣。

高端时尚设计师开始尝试全新的纤维面料，用来替代真丝。这条在 1950 年由玛丽·布莱克设计的优雅长裙就是由人造丝缎制成的。

可可·香奈儿设计的珍珠项链和华丽珠宝装饰的十字架，这些全部由人造珠宝制成。由于她十分大胆地在白天佩戴这些人造珠宝，而并不是配以晚礼服，这样的举动令当时的社会十分震惊。

观念 20

人造珠宝

古埃及人用玻璃制作串珠，早在15世纪，欧洲人也已经开始佩戴人造珍珠。然而高端时尚界一直认为人造珠宝平庸无奇，因此高端时尚设计师一直试图避免使用人造首饰。不过，所有一切都在20世纪初被彻底改变了。

2003年，亚历山大·麦昆品牌春夏时装系列，肖恩·利尼设计的金刚鹦鹉羽毛制成的扇形耳环。

法国人保罗·波烈是首位挑战“人造珠宝无法与时装搭配”这一传统观念的设计师，而可可·香奈儿和艾尔萨·夏帕瑞丽则改变了历史。

波烈是首位在自己的设计中使用人造珠宝的高级时装设计师，到1913年，他的顾客们已经十分开心地炫耀由波烈设计的流苏装饰、桃心形状的琥珀或石质的佛像吊坠了。之后，香奈儿的设计则惊艳全场，她将人造珍珠制成鸽子蛋大小，或把宝石染成非自然的颜色。香奈儿的态度很简单：为什么不能将真品和赝品混在一起，让每个人去猜一猜呢？在她的眼中，珠宝是用来为服装做装饰的，而不是一种炫耀财富或家世的工具。1927年，法国版《时尚》杂志这样评论道：“这种人造的时尚是我们这个时代的特点：人们制造出十分精致的人工合成的事物，如丝绸、珍珠、皮毛等，但是这并不能阻碍它们成为别具一格的时尚。”

1924年，香奈儿开设了她的第一家珠宝工作坊，她将人造宝石和人造珍珠与真正的宝石混合在一起进行大胆的创作。事实证明，她的设计充满魅力、无法抗拒。香奈儿无视传统的束缚，甚至在白天也会佩戴人造珍珠项链、长款的镀金项链以及闪闪发亮的马耳他十字形状的吊饰。她在20世纪30年代设计的项链、珍珠和玻璃宝石首饰，都是为了配合其简洁的日常轻便服装系列而做的。此外，香奈儿也将小黑裙重新带回时尚，而它也成为展示大件夸张人造钻石饰品的绝好背景。当提到她于1932年设计的高级珠宝系列时，香奈儿说：“我想要女人们全身都能布满闪耀的星群。”

20世纪30年代，艾尔萨·夏帕瑞丽的珠宝设计也充满新奇与乐趣，她运用智慧和幽默来吸引消费者。她的支持者们对于夏帕瑞丽的设计总是趋之若鹜，不论是蛇形的帽针、溜冰鞋样式的胸针、缀有饰物的手镯，还是康康舞大腿式样的别针、能够点亮的灯笼胸针，甚至面部的饰品——没有镜片的镜框等，这些设计一旦面世，便会被立刻抢购一空。所以我们会说，时尚珠宝的设计是十分有趣、充满挑战性的。

隐蔽锁扣的成功

观念 21

拉　链

不起眼的拉链这种小锁扣每天清晨都被全球的女性所宠幸，它作为一种可以帮人们快速穿衣的工具，人们总是认为它的存在是理所当然的。那么试想一下，如果没有这些纽扣、挂钩、领结、按扣，我们的生活将是怎样的慌乱，每天又会多浪费多少时间？

我们现在所了解的拉链，有着可移动的锁头和相互咬合的锯齿，它是在1913年由一名瑞典籍美国工程师吉登·桑伯克（Gideon Sundback）设计的。然而，直到20世纪30年代，拉链才真正被应用到女装上。在那之前，拉链只能用于钱袋、美国海军的军用夹克、内衣以及行李箱上。

20世纪30年代初，设计师艾尔萨·夏帕瑞丽第一个打破传统，她创造性地将拉链引入沙滩夹克的设计中，这成为她对当时社会的一个“时尚宣言”。若干年之后的1935年，她对拉链进行了进一步改革创新，将拉链染色，使其与服装面料的颜色一致，并将拉链设计成晚礼服和夹克衫的重要装饰元素。夏帕瑞丽在她1954年的自传《令人震惊的生活》中写道：“令那些可怜的、喘不过气来的记者最不安的就是拉链。不仅是因为它们首次出现在时装上，而且它们出现在最令人意想不到的地方，甚至包括晚礼服。我的整个系列的设计全部有拉链。那些吃惊的买手无法抑制自己购买的欲望。她们在到来之前，已经做好了迎接任何奇形怪状纽扣的准备。实际上，这些纽扣已经成为我所设计时装的标志性特征之一。”

设计师查尔斯·詹姆斯跟随夏帕瑞丽的脚步，并将拉链的设计升华至另一层面：20世纪30年代，他设计了斜裁螺旋女性裙装，可以让女性轻松优雅地上下出租车。这件裙装的特点在于设计师是用多层面料循环式包裹女性身体，而面料之间并没有使用传统的接缝设计，而是选择了一条长长的拉链进行连接。无独有偶，20世纪60年代的设计师鲁迪·吉恩里希也选择配有夸张O形扣环的拉链作为时装的点缀并让其缠绕全身，看起来似乎只要将拉链拉开，就可以把整件衣服变成一块小小的面料。而奥希·克拉克（Ossie Clark）为著名歌手米克·贾格尔演出所特别设计的连体服，能够让他在舞台上直接拉开拉链进行换装。维维安·韦斯特伍德在处理拉链的作用时则非常具有个人特色，她在20世纪70年代设计的朋克紧身裤令其名声大振，该设计布满拉链、皮扣、皮带以及一块从腰部垂到臀部的装饰遮盖布。

1977年，维维安·韦斯特伍德标志性的设计——朋克紧身裤，拉链成为该设计的亮点。

现在拉链在服装中的角色越来越趋向于大众化。它主要作为上衣、裙装、裤装、外套或靴子的便捷、隐蔽锁扣而存在。有时，拉链的出现也会为时装呈现出复古的时尚感觉。

拉链革命性地缩短了女性穿衣和脱衣的时间。图片为美国知名女星费拉·福赛特于1977年拍摄的照片。

2008年，亚历山大·麦昆品牌秋冬系列时装发布会，设计师主打军装风。

亚文化群体运动一直以来对军装服饰情有独钟，不仅仅因为军装具有冲突、对抗的外表，而且军装的实用性也十分符合他们的要求。

将女性的诱惑力最大化

观念 24

假睫毛

最早的假睫毛是由一位名为大卫·格里菲斯（D. W. Griffith）的美国导演在1916年发明的，他在自己执导的电影中使用的假睫毛是为女主角仙娜·欧文（Seena Owen）量身定制的。

约翰·加利亚诺品牌2008秋冬系列时装发布会后台，模特戴着长长的假睫毛。

当时，导演希望女主角的睫毛长度能够达到在眨眼的时候触碰面颊的程度。因此，格里菲斯聘请了一位假发设计师，让他将一些人类毛发织在一块精巧的薄纱上，然后再将这层薄纱粘到女演员的眼睑上。当时设计出的效果十分特别，非常惊人。

然而，直到几十年之后人们才真正在大街上看到女性戴假睫毛。20世纪50年代，假睫毛开始流行，到了60年代，假睫毛已经成为时尚的必需品。唇膏的地位慢慢黯淡，这说明人们关注的焦点开始转移到一双孩童般的大眼睛上面。身材瘦小的国际超模崔姬（Twiggy）总是在上下眼睑处使用假睫毛，或者有的时候只是在下眼睑粘贴假睫毛。众多名模、女星也都是因为她们浓密的睫毛而闻名，其中包括模特简·诗琳普顿（Jean Shrimpton）、女星玛芮安妮·菲丝弗、索菲娅·罗兰和伊丽莎白·泰勒等，而歌手达斯汀·史普林菲尔德一直以她的烟熏熊猫眼妆而闻名世界。

20世纪60年代的假睫毛是由鬃毛般的塑料材质制成的，只是这样的假睫毛可佩戴的时间不长，非常容易脱落。直到21世纪，日本人发明了独立睫毛，这个问题才得到解决。每一根独立睫毛都可以单独地粘贴到真正的睫毛上，一根接一根，就好像为眼部进行了毛发延长术，而这样的睫毛能够维持两个月之久。现在，假睫毛和耳环、唇膏一样普遍。日本品牌植村秀（Shu Uemura）与荷兰时尚设计品牌维果罗夫合作发明了一种回形针式的假睫毛。在2009年，英国乐团“高歌女孩”（Girls Aloud）与品牌爱潞儿（Eylure）合作推出了一款个性的假睫毛产品。女性魅力从未如今日这般美妙。

为什么可可·香奈儿是最早的物质女孩

观念 25

内衣外穿

束胸、紧身胸衣和衬裙内衣曾经在大众的生活中存在了很长时间，然而现在它们对人们几乎没有任何吸引力。香奈儿在1916年开创性地使用米黄色编织线衫制作成别致的女性服装，而这种线衫传统上一直只能被用作男性内衣。这样的设计虽然容易受到社会舆论的谴责，但是她的顾客都非常喜欢。

毋庸置疑的是，在法国的多维耶和比亚里茨，那些时尚的女性都非常积极地抢购香奈儿最新设计的服装。20世纪40年代，高级定制时装设计大师杰奎斯·菲斯因大胆地使用紧身束胸的蕾丝作为性感晚礼服的设计而引起一阵躁动，但唯有叛逆、前卫的时装设计师维维安·韦斯特伍德才真正令“内衣外穿”改变了时尚界。20世纪70年代末，朋克青年穿着从韦斯特伍德和马尔科姆·麦克拉伦共同创办的SEX品牌时装店中购买的橡胶质地睡衣和裤袜，骄傲地走在伦敦街头。这样的内衣外穿给人们带来更多的是视觉上的震惊与刺激。

20世纪80年代是“内衣外穿”跃升为时尚主流的黄金十年。1990年，著名歌星麦当娜在她的“金发雄心”世界巡回演唱会上穿着一件金色紧身胸衣，胸部设计成尖锐的凸起形状，她的这一经典舞台形象性感却不令人反感，让人过目不忘。这件服装是由设计师让·保罗·高缇耶设计的。麦当娜经常穿着胸衣、衬裙内衣或紧身束胸进行演出。设计师让·保罗·高缇耶提出将紧身胸衣与晚礼服一起穿着的理念。韦斯特伍德则于1982年做出在运动衫和裙装外套上绸缎胸衣的设计。1985年，当韦斯特伍德推出“新维多利亚式撑架裙”时，最初这种反常的时尚很难获得人们的认可，然而没过多久，其他的设计师不可避免地开始复制、效仿起她的这一全新设计理念。一件由韦斯特伍德设计的紧身束胸上装成为晚装中最受欢迎的一款，尤其是它将女性的胸部聚拢托起，让身材变得十分迷人。

20世纪90年代，人们开始在低腰牛仔裤里面穿着镶嵌珠宝的丁字裤。女性在跳舞、参加派对，甚至在结婚做新娘的时候，都喜欢穿着紧身的斜裁丝质衬裙或细肩带与蕾丝装饰的贴身内衣。而女性的性感内衣与吊带裙的设计大师便是闻名世界的约翰·加利亚诺。他曾经因为说服戴安娜王妃穿着女士衬裙而出名，而王妃的那张照片也成了全世界媒体争相报道的头条新闻。

2009年，著名品牌杜嘉班纳（D&G, Dolce & Gabbana）推出了令人窒息的薄纱紧身胸衣裙装，该设计在细节部分使用性感的十字形蕾丝穿插于身体两侧，展示出内衣细节的同时也暗示出：挑逗也许是最具有诱惑力的武器。

顶图：1996年，设计师约翰·加利亚诺与戴安娜王妃合影。王妃穿着的正是加利亚诺所设计的女士衬裙之一。

上图：1997年，约翰·加利亚诺在克里斯汀·迪奥品牌发布会上展示一件迷人的女士裙装，这件裙装的设计灵感来自女性衬裙。

麦当娜经常穿着胸衣、衬裙内衣或紧身束胸进行演出。

1990年，在“金发雄心”世界巡回演唱会的舞台上，麦当娜穿着的正是设计师让·保罗·高缇耶设计的服装。

现代世界中的圆润线条

观念 26

女士手包

刚刚迈入20世纪的时候，人们不会看到一位上流社会的淑女自己拿着手提包。因为除了迷你小钱包之外，所有的物品都应该留给绅士或身边的女仆来拿。然而随着女性变得越来越独立，这样的生活方式也在发生改变。女性需要对一切了如指掌，包括随时能够找到钥匙、现金和一些化妆用品等。

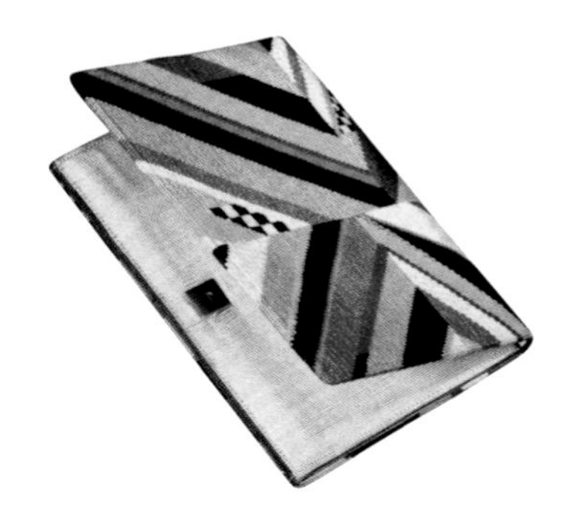

1925年，希尔德·瓦格纳·阿舍尔设计的刺绣手包。

“手包”，或者称为“手袋”，是在1916—1920年出现的。它拥有流线型的外观和方便咬合的锁扣，反映出20世纪20年代现代、朴实、简约的审美特点。著名的建筑师兼设计师勒·柯布西耶（Le Corbusier）曾热情地说道：“这个奢侈物件的设计非常理想，线条简洁、单纯且有力，每一个小细节都能够展现出该设计的品质。”20世纪20年代，时尚先驱可可·香奈儿设计出由真皮、胶木和与服装搭配的面料制成的手包。其他的设计师，包括爱德华·莫利纽克斯（Edward Molyneux），都推出了他们个人风格的细长手包。索妮娅·德劳内与珠宝商让·富凯（Jean Fouquet）共同设计出颜色鲜艳、装饰华丽的女士手包。

20世纪20—30年代，几乎每一位时尚女性都会拿着手包，它是那个时代最流行的女士包。由于手包的形状简单，因此设计师努力在其颜色、材质以及装饰方面进行大胆尝试，由此出现了多种材质和装饰的手包，包括蛇皮、蜥蜴皮、鲨鱼皮和漆皮材质的手包等。在装饰方面，往往会在手包上添加夸张的水钻和金色穗带。设计师会使用现代材料制作手包，如胶木和有机玻璃；而简单一些的手包则会以浮雕式样或刺绣进行装饰。20世纪20年代，手包的设计风格主要有太阳射线艺术风设计、摩登艺术风格图案以及埃及主题。到了30年代，手包的设计则更注重于使用异域爬行动物皮革以及闪亮人工钻石锁扣等细节加以装饰。

在第二次世界大战期间，欧洲的女性放弃小型手包而改用大一些的手提包，因为手提包更加实用，它可以放置更多的必需品，以便人们骑着自行车在战场工作或在躲避空袭时使用。然而，正是从那时起，手包开始出现了不同的“伪装”式样，因此也从未退出过流行时尚的舞台，主要包括20世纪60年代长而细的手包、70年代柔软易折的手包和80年代填充棉絮的手包等。在21世纪，手包的体形开始变大，甚至大到有些荒谬的程度，因此，2008年，由于几大品牌推出的手包尺寸问题，导致这些手包更像是一件被精心打造的具有艺术性的文件袋，这些品牌包括赛琳、路易·威登和芬迪等。也许，男性展现绅士姿态的时代再一次回归，他们要帮助女性提着手袋，以此来证明“骑士精神”并没有消亡。

侯司顿品牌2009春夏时装系列新品发布会推出的金色手包。小型装饰手包非常适合晚宴使用。这只手包的大小和颜色看起来就像是为了搭配模特身上橘色裙装而佩戴的珠宝配饰一般。

它拥有流线型的外观和方便咬合的锁扣，反映出20世纪20年代现代、朴实、简约的审美特点。

重要的计时工具

观念 27

腕 表

最初的腕表出现在19世纪末，作为一种装饰品，它是附着在女性手镯上面的一块小小的钟面。直到第一次世界大战结束后，腕表才成为男性、女性均可佩戴的必需品。

上图：2009年，设计师马克·雅可布设计的吊坠表。

下图：一款吸引人的表类设计，这只在2004年由迪奥设计的"牛奶糖"戒指表，是由白金与粉色珍珠母贝制成的。

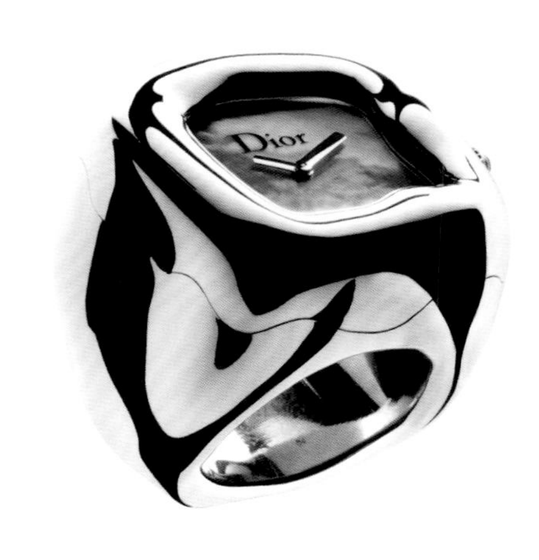

当劳力士的创始人汉斯·威尔斯多夫（Hans Wilsdorf）最初将腕表作为重要的计时工具而开始宣传推销时，男性评论家曾说他们宁愿穿裙子也不会戴腕表，当时他们更愿意佩戴旧式的金色项链怀表。然而对于参与第一次世界大战的飞行员和炮兵来说，腕表是唯一一个合理的解决计时问题的工具。设计者将表盘嵌在可伸缩的表带上，表盘周围覆盖着镂空的防弹金属，以保护表蒙子。士兵将这些"战地表"当作纪念品带回家，由此男士们终于也开始接受佩戴腕表。1914年，英国矫天文台向劳力士颁发了A级精准证书（此前该证书是专为海事时计而设的殊荣），借此也回击了那些曾批评腕表计时不够精确的评论家。到了20世纪30年代，腕表已经取代了怀表，成为人们最想要拥有的移动计时工具。

全新的创意也在改变着腕表的设计。1969年首次推出的精密石英计时机芯意味着更加经济的腕表得以制作出来，并且可以达到完全精准的计时功能。而20世纪70年代出现的电子表也激发出更多功能性设计的可能。1983年，斯沃琪（Swatch）品牌推出了一系列低价、时尚的腕表：不同鲜艳颜色的塑料表带配上精准、结实的品质腕表主体的内部配置，此款设计瞬间成为人们争相抢购的时尚单品。

正如太阳镜和手袋一样，众多高端设计师品牌也开始将腕表纳入其设计的产品范围之中，如古琦、香奈儿和路易·威登等。然而，到了2000年，手机作为最流行的报时工具开始取代了腕表的地位。对于年轻一代而言，腕表作为功能性的工具，并不那么受欢迎。这意味着腕表在报时功能之外，还需要开始具备一些其他的功能，如成为一件优雅的珠宝装饰配件。知名设计师马克· 雅可布推出了一系列与钟表相关的设计，他将樱桃或拉链主题式样的钟表作为吊坠与项链搭配；凯文·克莱和DKNY品牌则设计出与精美手链搭配的腕表；而其他的设计师也会将小型手表嵌入戒指之中。时尚在100年之间走了一个轮回，女性所追求的腕表，再一次成为时尚的珠宝饰品。

20世纪30年代，布契拉提品牌腕表，配有雕刻的银制表盘和金色树叶。

它非常适合展现电影明星的性感身材。

1944年的流线型斜裁手法制作的裙装。斜裁手法使面料能够自由地随着身体“流动”。

以角度裁剪来创造曲线

观念 28

斜纹剪裁

面料在以斜纹方式裁剪时，通常是将面料斜向裁剪的，也就是在最后的成品中，我们可以看到面料的经纱和纬纱（即织物的“纹理”）是呈斜向走向的，而非从前的水平和垂直的纹理走向。

以这种方式剪裁的面料会充满自然的弹性，这样的特性能够使裙装变得紧贴身体且能够根据身体曲线进行伸缩，从而营造出优雅、迷人的效果。

服装设计师玛德琳·维奥内特于1912年在法国开设了属于自己的时装屋，她以斜纹裁剪的手法（也可称为“斜裁法”）而闻名世界。她首创的斜纹裁剪法，在影响20世纪20年代的时尚界之前，一直被用来制作衣领。维奥内特在设计服装时，独树一帜地选择在木质的人体模特上将布料围拢、收系或扭曲，以验证设计效果、进行创作，一反传统上使用模板裁剪的技术模式。她所设计的很多裙装都没有锁扣，只要将衣服直接套头穿上即可；而只有当穿到人们身上时，服装才会魔力般地瞬间充满生命。维奥内特也是拒绝紧身胸衣的先驱设计师之一。她追求服饰的合身服帖，只需一层面料，裙装就可轻盈地在身上“流动”，完全不需任何内衣的修饰。她所设计的裙装往往会配有挂脖或大翻领，以及低腰露背设计。此外，维奥内特十分钟情于绉丝、华达呢和绸缎等面料，因为它们非常柔软且垂坠的效果很好。

20世纪20年代末到30年代，斜裁法进入了流行的高峰。它非常适合展现电影明星的性感身材，而在那个时代，众多典型的好莱坞礼服都是采用斜裁的方式制作的。格蕾斯（Madame Grès）在1934年开设了她的法国时装屋，同样也因为精湛的斜裁手法而闻名世界。同时，由于受到古希腊美学的影响，她设计的服装为时尚界带来一股新古典主义清风。她选择羊毛、丝绸和针织面料，将它们设计成十分灵巧的裙装，这些裙装看起来简洁大方，却透露出巧妙、复杂的设计感。

维奥内特的创意一直在不断地为后来的设计师提供创作灵感。20世纪80年代的设计师阿瑟丁·阿拉亚（Azzedine Alaïa）就是采用了斜裁方式来制作超紧身性感裙装的；而当今的设计师约翰·加利亚诺与扎克·珀森（Zac Posen），都将斜裁手法运用到自己的设计之中。“发明斜裁手法的这个创意简直是天才之举，”加利亚诺在提到斜裁手法时说道，“它在‘弹性’这个概念出现之前就已经是灵活多变的。”

顶图：2007年，克里斯汀·迪奥品牌秋冬时装发布会，设计师约翰·加利亚诺将紧身上衣与斜裁裙体结合，设计出这件华丽的白色礼服裙。

上图：1938年，设计师玛德琳·维奥内特设计的礼服。斜裁大师维奥内特运用垂坠和流线型的裙装设计变革了时尚界。

时尚变得健康与精彩

观念 29

体育运动

体育运动装在20世纪的时尚界曾扮演了重要的角色，它对时装界的影响是任何人都无法预料的。运动装改变了女性的穿衣方式以及对服饰的感觉。时尚与运动装之间紧密结合，相互影响，而在服装各个领域工作的设计师也常常借鉴彼此的设计理念。

1982年，女星简·方达在工作室中健身。

如今，运动服装已经跨界，成为人人可接受的日常休闲装，它使女性的穿着变得更加休闲与舒适。由于如今运动装的设计在保持其功能性的同时也十分具有时尚感，因此很多时装设计师开始吸收运动服装的设计元素。

在第一次世界大战后期的欧洲，系带紧身胸衣逐渐消失，这意味着女性需要付出更多的努力来练就迎合时尚要求。20世纪20年代，苗条的身材十分重要。为了参与体育活动，女性需要合适的滑雪服、泳衣以及网球服等，而当时体育运动本身也代表着时尚与流行。

设计师让·巴杜与可可·香奈儿当时已经设计了更加运动、男性化的日常休闲服饰，其简洁、大方、实用、舒适的特点非常适合日渐独立的女性。巴杜在他的时尚设计中加入了运动服装的设计元素，并在1925年开设了他的运动服饰店，名为“体育天地”。此外，他为法国网球明星苏珊·朗格伦设计了一套运动服，包括搭配的短裙以及头带，这款设计立刻成为人们关注的焦点。香奈儿设计出棉毛制成的女性运动衫，同时也将男性的“游艇裤”介绍给女性顾客。

然而，现代的运动服或休闲服真正发源于美国。1939年后，随着大批量制造的生产技术开始普及，美国女性希望穿得更加休闲随意，并开始习惯穿着舒适且实用的分体服装。她们并不会追随最新的巴黎高级定制时尚，而是关注美国本土的成衣设计师。这样的趋势逐渐影响了全球女性的穿衣风格。到20世纪50年代，美国青少年的休闲装已经变成简洁的分体服搭配运动鞋的组合。

从20世纪70年代开始，人们的日常服饰经常出现不同领域的跨界穿法，健身房和球场的服饰演变成街头时尚。有氧运动的风行带来了迪斯科风格的莱卡内搭裤和连体紧身服，而慢跑和溜冰运动引发了短裤、护腿以及头带的流行。美国设计师诺玛·卡玛丽（Norma Kamali）设计了以啦啦队裙（下摆散开的短裙）、打底裤搭配棉毛上衣的运动服饰，由此将普通的运动服设计推至高端时尚界。而在城市中，孩子们都喜欢将自己打扮成他们最爱的体育明星的样子——从20世纪70年代的篮球明星到90年代的滑板达人。

知名体育品牌能够非常敏锐地意识到体育明星的影响力，因此他们常常邀请知名运动员来代言产品从而促进销售。著名的案例包括迈克尔·乔丹与耐克的合作，以及大卫·贝克汉姆与阿迪达斯的合作等。

时尚设计师从全新的高科技体育服装面料中寻找设计灵感。他们在20世纪90年代纷纷推出自己的运动品牌，其中包括普拉达运动、DKNY运动、保罗运动等。此外，时尚设计师与运动品牌合作，推出充满个性、时尚运动系列服饰或运动鞋产品，这样的合作包括山本耀司与阿迪达斯、亚历山大·麦昆（Alexander McQueen）与彪马以及川久保玲（Comme des Garçons）与速比涛等。高端时尚看起来从未如此健康与精彩。

新品发布会，由设计师斯特拉·麦卡特尼（Stella McCartney）设计的新款运动服。

右下图：1926 年，法国网球明星苏珊·朗格伦穿着由设计师让·巴杜特别设计的白色运动套装。她引领了运动头带和短裙的风潮。

N°5
N°5
CHANEL
PARIS
PARFUM
www.chaneln5.com La Ligne de CHANEL - Tél. : 0 800 255 005 (appel gratuit depuis un poste fixe)

举世闻名的香氛

观念 30

香奈儿 5 号

当人们问起性感女星玛丽莲·梦露在床上会选择穿什么时，她曾给出的经典回答是："穿什么？当然是'香奈儿5号'。"这款香水凭借其特有的味道，以及标志性的包装，已经成为历史上最成功的香水之一。20世纪20年代，自从第一瓶香奈儿5号面世以来，直到现在，它已经成为世界上千万女性的钟爱之选。香奈儿5号永久地改变了时尚香氛世界。

19世纪，化学工业技术的进步使得香水的制作能够加入人工合成的香料来创制香氛，而人工香料不但能够代替一些昂贵或稀有的自然香料，而且可以使香水的留香时间增长。然而，可可·香奈儿在1921年与她的专属调香师欧内斯特·博瓦（Ernest Beaux）一起推出的香奈儿5号香水，彻底改变了香水世界。

在此之前，香水一般被调制成花朵的香味，如茉莉、玫瑰、山谷百合等，包装香水的瓶子也都趋于女性化的设计。香奈儿希望创制出一款能够让她回忆起儿时使用过的香皂气味的香水。她设计出的香水没有可辨识的花香，而是装在一只方形如药瓶一般的瓶子里面，看起来简洁并具有现代感。正如她设计的著名人造珠宝配饰一般，香奈儿对于人工香氛也十分着迷。香奈儿5号包含了80余种不同的配料，并混合了数十种天然花香与人造香料，一经推出就立刻成为当时人们关注的焦点。香水接触皮肤的刹那，你所感受的味道，实际上是设计师特意设计的乙醛花香调（一种浓烈的人造分子微粒，能增强香水的香味）。

1911年，法国设计师保罗·波烈推出了他自己的香水系列——玫瑰心，该系列是以其长女的名字命名的。波烈设计的每一款香水都由天然和化学的香料制成，且都和其设计的礼服联系在一起。然而，波烈错失了将该系列香水的命名与自己的时装屋品牌统一化的绝好商机。但香奈儿做到了，她的香水继承了自己的名字。沃斯时装屋的两位设计师爱德华·莫利纽克斯与艾尔萨·夏帕瑞丽紧跟香奈儿的步伐，推出了自己品牌的香水，而克里斯汀·迪奥凭借旗下的迪奥小姐系列香水在1947年一举成名。

20世纪60年代，随着廉价国际旅行和免税购物的普及，不同阶级的女性都有能力购买时尚品牌的香水。20年后，各大知名品牌开始积极地采取市场营销策略，推广品牌香水。他们使用动态图片以及巨型海报等手段，试图占领这块特殊的、利润丰厚的市场。凯文·克莱为旗下的"迷惑"香水所设计的性感挑逗广告，说明运用性感来营销可以起到刺激销售的作用。此外，在20世纪90年代，凯文·克莱推出的中性香水"克莱1号"，再次开创了香水史的新风格。现代的香水时尚趋势变幻无常，但是如果没有香奈儿5号的创新，现代的我们也许只能闻到玫瑰或薰衣草的香氛。

对页：2009年，女星奥黛丽·塔图代言香奈儿5号时拍摄的广告宣传海报。

下图：1985年，由安迪·沃霍尔设计的丝网印刷的香奈儿5号的广告宣传作品。这张海报在1997年用来作为该香水的宣传海报。

完美唇形与烟熏眼妆

观念31

“彩绘”女郎

人类使用化妆品的历史已经长达几个世纪，甚至6000年以前的古埃及人也会使用专用的眼睑粉来强调他们的眼妆。20世纪初，上流社会女性的流行妆容是白皙、自然且端庄的，她们通常将头发烫卷并精巧地固定在头上。在那个时代，浓艳的妆容、上色的指甲以及染色的头发都被视为低俗与粗鲁。

20世纪20年代，关于女性美的全新概念被引入，人们可以通过化妆等技巧来掩饰瑕疵，以达到人们所期望的面容——短发和一张“彩绘”后的脸。很快，在大街上再也看不到毫无生气的面容了：每个人都会把双唇涂成“丘比特弓”式的完美唇形，眼部精心地用眼睑粉和睫毛膏修饰过，肤色也被均匀地用粉修饰好。新潮女性还会用工具修饰自己的眉形，并用眉笔细心描画，而她们的指甲也会染上鲜艳的颜色。理发师用剪刀精心地将人们的发型修剪成波波短发或伊顿式发型，那种经过高水平修剪梳理过的发型对于追逐时尚的年轻人来说是非常吸引人的。

到20世纪20年代，自然妆容已经过时，化妆术成为女性世界的重要组成部分，图片为1925年“G姐妹”（Sisters G）在柏林的演出海报。

1925年，作家弗吉尼亚·伍尔芙在她的小说《达洛维夫人》中曾这样写道：“在他的眼中，时尚从未如此好看：女人们都披着长长的黑色斗篷，都有着修长的身材、端庄的气质，而且似乎每个人都有化妆的习惯。每一位女士，甚至是那些最受尊重的人，也会有着如玫瑰一般温润的肤色、鲜红的双唇以及浓墨渲染过的鬈发。”

不论是20世纪60年代那些“摇摆的60年代”的潮流青年，还是接下来10年盛行的朋克少年，都要感谢化妆术的魅力。在20世纪60年代，流行的妆容是孩子气却又男孩化的：一张白皙的脸颊配上维达·沙宣（Vidal Sassoon）设计的经典短发。此外，面部妆容也十分重要：浓黑的眼线、精心卷曲的睫毛和淡色的唇膏。其重点就是要将女性塑造成大眼娃娃一般，这样的妆容由于受到著名设计师玛丽·奎恩特和超模崔姬的支持而闻名世界。

朋克一族尤其喜欢摆弄自己的发型和妆容，主要是为了突出惊悚的效果。她们会剃光头发，或者把发型弄成戏剧性的长锯齿状，并染成鲜亮的颜色。她们的面部总是涂得白白的，配上浓黑的眼妆以及深色唇膏，指甲往往会选择亮黑色。这些化妆技巧通常是朋克女孩的全部：这些女孩永远不会像曾经的嬉皮士一样在发间插上花朵装饰。

右图：1977年，伦敦，朋克青年。朋克的妆容往往十分大胆、惊人，她们通常会选择黑色来修饰双唇和指甲。

下图：超模崔姬1967年的照片。20世纪60年代，女性的妆容主要集中在眼部——如娃娃般的化妆风格，而人们都在尽力效仿崔姬的大眼睛。

右图：2010年，伊夫·圣·罗兰品牌的红色凉鞋。

最右图：1940年，萨尔瓦多·菲拉格慕品牌的黑色坡跟凉鞋。

二行左图：2010年，华伦天奴品牌的黑色平底凉鞋。

二行中图：粉色人字拖。

二行右图：2010年，璞琪品牌春夏新品系列中的黑色细跟凉鞋。

三行左图：2011年，塞乔·罗西品牌春夏新品系列中的蓝色脚踝镂空款高跟凉鞋。

三行中图：2010年，伊夫·圣·罗兰品牌春夏新品系列中的黑色露趾高跟凉鞋。

三行右图：1938年，萨尔瓦多·菲拉格慕品牌的厚底高跟凉鞋。

勇敢地展现足部美

观念 32

露趾鞋

凉鞋是人类历史上最原始的鞋子。古代的埃及人、希腊人和罗马人发现凉鞋是保护脚底最理想的工具，而在复杂的设计出现之前，简单、实用的凉鞋式样也因此延续了多个世纪。

2003年，亚历山大·麦昆品牌秋冬时装系列发布会上，一位模特穿着镂空黑色女靴走了出来。

然而，20世纪的时尚界对凉鞋的接受经历了一个缓慢的过程。凉鞋最早进入时尚流行是在20世纪20年代。随着法国的里维埃拉逐渐成为上流社会钟爱的度假胜地，女性对于露肤的观念变得越来越开放。设计师安德烈·佩鲁贾（André Perugia）设计出奢华的羊皮与蛇皮质地的晚宴高跟凉鞋，而意大利设计师萨尔瓦多·菲拉格慕（Salvatore Ferragamo）则将凉鞋引入美国。尽管到20世纪30年代末，鱼嘴鞋、露跟女鞋和普通凉鞋已经能够在白天和晚间穿着，但许多女性仍旧不能接受在海边穿着这样的凉鞋。当时的人们认为有教养的女性应该将足部遮盖起来，甚至在1939年，《时尚》杂志的时尚权威也说过："在大街上穿着凉鞋太过露骨。"露跟女鞋的设计是为了露出女性的脚后跟，在当时，穿着这样的鞋子被认为是伤风败俗的行为。直到第二次世界大战结束之后，人们才完全能够接受在大庭广众之下穿着露出脚背、脚后跟以及脚趾的鞋子。

漂亮、奢华的意大利凉鞋成为20世纪50年代"新风貌"时尚的主角之一，而美国的贝斯·莱文（Beth Levine）是使用透明树脂制作平底凉鞋的先锋设计师。20世纪70年代掀起了一股40年代鱼嘴鞋的怀旧风，以及追忆经典的夸张厚底高跟凉鞋的风潮。20世纪90年代到21世纪初，优雅的细带凉鞋再次回到时尚中心，一些设计师专门为著名女星定制女鞋，如莫罗·伯拉尼克（Manolo Blahnik）与周仰杰（Jimmy Choo）。她们钟爱高跟鞋以及精致优雅的鞋款，当她们光脚穿着这样的高跟鞋走在路上时，所散发的性感意味十分吸引眼球。在大街上，设计复杂或带着饰品的人字拖（尤其是巴西哈瓦那品牌的人字拖）和可爱的勃肯（Birkenstock）凉鞋成为夏日休闲装的必需品。

在2007年和2008年，罗马鞋充斥着时装T台与各个街道。有些罗马鞋在脚踝处采用蕾丝带作为装饰，还有一些则在鞋跟处做以令人目眩的设计。在罗马鞋诞生后的2000年，罗马风尚再一次强势归来。

每一个女人都应拥有一件

观念 33

小黑裙

时尚、简洁的小黑裙一直是重要的时尚标志。及膝的裙边（裙长永远不会过长）、领口与袖口细节的精心设计以及多变的面料质地使小黑裙成为决定时尚兴衰起伏的重要元素。然而，精髓在于其功能的多样性。

小黑裙不仅可以在办公场合穿，也可以在出席鸡尾酒会和晚宴时穿，就像白色T恤和牛仔裤一样，其流行性可以延伸几个世纪也不会过时，是一款真正的时尚经典设计。然而，这个简单、低调的女性必备款，却曾经被认为并不适合淑女穿着。过去，由于淡色的服装更加难以清洗，所以穿着淡色服饰的人往往代表着财富和社会地位。与之相反，黑色裙装曾经是女仆的专用服装。没有任何一位富有的女性愿意和她的女仆穿得一样。

当一位上流社会的淑女穿着黑色裙装时，说明她是要去参加葬礼或是正在服丧期。当时，黑色绝不会成为时尚设计的选择。第一次世界大战期间，士兵战死沙场，留下众多悲痛的家人，包括妻子、姐妹和母亲等。因此，人们对于在街上看到不同阶级的妇女身着黑色服饰已经习以为常，其中包括很多年轻的寡妇。

然而，可可·香奈儿的设计却冲破了陈规旧习。1926年，美国版《时尚》杂志大张旗鼓地宣传她的时尚黑裙设计。其短裙、长袖以及斜纹细节的处理使黑裙看起来流线感十足、新潮且极具现代感，这样的设计对于20世纪20年代的前卫女性来说再完美不过了。《时尚》杂志甚至将其比作汽车界的福特T型车。香奈儿再一次将服装中的等级差别巧妙地剔除掉。小黑裙能够让任何一位女性无须花太多金钱就能够变得优雅大方。它甚至成了一种固定穿着，出席晚宴时可以选择天鹅绒或蕾丝质地的黑裙，白天则可以穿着羊毛质地的小黑裙。

"不论哪个年龄层的女性，都可以在一天中的任何时间、任何场合穿着小黑裙。"克里斯汀·迪奥曾这样说道，"它是每个女人衣橱中最重要的必备品"。

时尚偶像沃利斯·辛普森夫人，也就是后来的温莎公爵夫人也十分同意迪奥的观点："如果在某个场合，当你认为选择小黑裙是对的时候，此时没有任何另外一件服装能够替代它。"

1926年，香奈儿设计的黑色丝质绣花礼服裙。

而现在，哪个女人的衣橱里没有一件小黑裙？从普拉达到普林，再到凯文·克莱，几乎每一位设计师都会推出这款经典设计的不同个性版本。小黑裙能够使身材看起来更加苗条，它是珠宝首饰的绝好"背景"，使金发更加迷人。由于黑色并不是一个十分起眼的颜色，因此，你可以在不同的派对连续穿着，而不会冒着被人认出是同一件礼服的风险。小黑裙已经逐渐成为永恒、优雅与现代的时尚代名词。

2006年，名媛帕丽斯·希尔顿背着芬迪品牌的单肩包。

观念 37

太阳眼镜

据传，罗马皇帝尼禄在观看角斗士搏斗的时候，会在眼部佩戴抛过光的翡翠片来抵挡刺眼的阳光。虽然当代明星看上去并不是那么颓废，可是如果没有了随处可见的墨镜，那些需要躲避狗仔队的明星将何处安身？

1968年，美国前第一夫人杰奎琳·肯尼迪带着她标志性的大框墨镜。

19世纪的时候，为了帮助那些视力不好的人，已经出现了带有矫正度数的有色眼镜。但是直到1929年，当山姆·福斯特（Sam Foster）在美国的大西洋城开始售卖他的福斯特·格兰特品牌太阳眼镜时，才发起了一场眼镜制品的革命。不久之后，博士伦公司推出了雷朋飞行员太阳眼镜，它拥有防止眩光的功能，配上墨绿色的镜片，这款眼镜很快受到美国空军飞行员的青睐。这些太阳眼镜也为那些整日暴露在闪光灯下，亟须一副有色镜片来躲避媒体、粉丝追逐的好莱坞明星提供了最佳的解决方法。曾经只能用扇子来遮挡自己的淑女，现在也可以故弄玄虚地躲在一副深色墨镜之下了。

20世纪30年代，太阳眼镜市场迅速增长，它成为流行时尚的必需品，而众多电影明星佩戴深色太阳眼镜的照片出现在各大杂志和屏幕上之后，也加速了太阳眼镜的流行。到了60年代，品牌墨镜越来越普遍，直到现在，任何一个国际知名时尚品牌，如果没有自己的墨镜系列，以及香水、珠宝和手提包系列，都是不完整的。

太阳眼镜的流行趋势也一直在进化着改变。20世纪50年代流行的猫眼式太阳镜总是配有一副可以上翻的镜片。60年代，知名歌星约翰·列侬佩戴的圆形墨镜在嬉皮士群中非常流行。但更加出位的则是由安德烈·库雷热（André Courrèges）设计的“太空时代”系列，他使用白色不透明的塑料材质制作墨镜，通过在镜面的中间横切出一条细缝来看前方。到了70年代，镜框的尺寸变得越来越夸张，人们常常看到美国前第一夫人杰奎琳·肯尼迪以及歌手艾尔顿·约翰佩戴大镜框的墨镜。但是80年代和90年代初，硕大夸张的墨镜被戏剧性的棱角镜框和深色镜片所取代，其中经典的代表要属雷朋“徒步旅行者”系列。在2000年，设计师斯特拉·麦卡特尼重拾飞行员式墨镜，她使用小颗心形莱茵石点缀镜框，此款墨镜成为当年最受人们追捧的设计之一。

曾经只能用扇子来遮挡自己的淑女，现在也可以故弄玄虚地躲在一副深色墨镜之下。

1935 年，好莱坞时尚偶像琼·克劳馥离开更衣室。

2009年，美国《时尚》杂志拍摄的巴尔曼品牌时尚大片。著名设计师克里斯托夫·狄卡宁通过其精彩的设计让垫肩风再一次回归。

由于职业女性一直试图提升自己在男人世界中的影响力，因此具有权威感的服饰在她们中间十分流行。

像男人一样穿衣

观念 38

垫 肩

20世纪30年代以前，宽大的垫肩是男士服装所独有的。但是，在1931年，前卫设计师艾尔萨·夏帕瑞丽首次为女士设计了宽肩西装，由此，一切都发生了改变。

这个新式的设计激起了一阵骚动，好莱坞的各大工作室立刻让知名女星尝试新款的女式西装，如克劳德·蒙塔纳。随着1932年琼·克劳馥主演的电影《林顿姑娘》的流行，宽肩西装的时尚风潮也被锁定了。

艾尔莎·夏帕瑞丽在她1954年写的自传《令人震惊的生活》中提道："在好莱坞，有一个特别流行的设计让我有些意外，那就是'垫肩'。我最初选择它是为了要反衬出女性纤细的腰身。垫肩的迅速风行也验证了好莱坞是制造商圣地的这一说法。琼·克劳馥接受了我的设计，为了突出自己的身材，她一直穿了很多年有垫肩的服饰。"凌厉的带有垫肩的服饰风行了整个20世纪30年代，并一直延续到战争时期，直到1947年迪奥革命性地推出了其旗下的"新风貌"时尚。

20世纪末，垫肩风再一次回潮；80年代，厚厚的垫肩西服成为女士的钟爱。设计师蒂埃里·穆勒和克劳德·蒙塔纳在这一时期都曾设计出十分极端、奇异的作品。由于职业女性一直试图提升自己在男人世界中的影响力，因此具有权威感的服饰在她们中间十分流行。当时的女性服装都是在模仿或挑战男性宽肩的身体轮廓。

2009年，多亏了著名设计师克里斯托夫·狄卡宁为巴尔曼品牌所做的充满传奇色彩的设计，精巧的小垫肩风潮再一次回归。这一次，垫肩不再是宽大、强硬且男性化的感觉，而是变成向上翻翘的尖形肩膀配以纤细的袖管，这使得时装更加充满女性魅力。2009年3月，《卫报》的时尚专栏作家哈德利·弗里曼针对垫肩的回归，曾带有些许讽刺意味地写道："在这个经济混乱的时代，它们反映出了一种寻求保护的感觉。我不得不说，要抵抗有可能破产所带来的危机感，没有什么比把我硕大的脑袋陷入肩膀的两个巨大的圆块之间更有安全感了。"

顶图：1984年，摄影师奥尔多·法拉伊为乔治·阿玛尼秋冬系列设计所拍摄的广告宣传作品，画面中的模特所穿着的女式西装体现出男性化的剪裁，并配有宽型垫肩的设计。

上图：1936年，女性飞行员艾米·约翰逊穿着设计师艾尔萨·夏帕瑞丽特别为她设计的飞行员套装。该系列是为了纪念艾米独自从伦敦飞往开普敦的航程而特别设计的。

塞西尔·比顿在谈到影星嘉宝时曾说道：“她生活中没有朋友，却拥有数百万个时刻准备为她去死的影迷。”

1929年，身穿皮草的女星葛丽泰·嘉宝。

维维安·韦斯特伍德在20世纪90年代令厚底鞋风潮在时尚界重生。

维维安·韦斯特伍德设计的有金属铆钉装饰的黑色漆皮厚底高跟鞋。

超级名模、明星和时装秀产业

最左图："天桥马戏团"——2006年，华伦天奴品牌高级定制成衣时装秀。

左图：艾尔萨·夏帕瑞丽的马戏团时装秀为时尚界设定了新的标准。此图由艺术家克里斯汀·贝拉尔所画，图中展示了夏帕瑞丽的马戏团系列设计。

观念 43

戏剧化时装秀

1938年，当艾尔萨·夏帕瑞丽展示她设计的马戏团系列时装的时候，她邀请了杂耍艺人、高空绳索表演者和小丑表演。模特们戴着华丽的、形状如冰激凌圆筒般的帽子，手拿气球模样的手袋在T台上展示。

此外，舞台上还出现了可爱的猴子和训练有素的狗狗，它们在T型台上漫步，吸引人们关注那些印有小丑、大象和马等图案的服饰。服饰的细节设计非常有趣且艳丽夺目：以一群高空秋千演员为灵感设计的项链，形状如跳跃的杂技演员一般的纽扣，等等。娱乐与时尚完美结合，为时装秀场营造出一种如戏剧舞台般的艺术氛围。

20世纪30和40年代，舞台布置、音乐以及灯光开始被添加进时装秀的表演之中，但是夏帕瑞丽是第一位为自己的时装秀设定主题，并将自己的想法变为一场奢华的奇观的设计师。她的主题包括音乐图像学、占星学，甚至个人信仰。她成了媒体的宠儿，并因此获得很多名流客户的关注，其中包括玛琳·黛德丽和克劳德特·科尔伯特，她们都着迷于夏帕瑞丽独特的个人风格。

多亏了夏帕瑞丽的独特创意，主题、舞蹈编排、造型以及音乐在时装秀中逐渐占据与服装同样重要的地位。玛丽·奎恩特为了表现出20世纪60年代的情绪感觉，她让模特沿着T型台一路踏着舞步而来。设计师高田贤三（Kenzo）在20世纪70年代时，推出了"丛林中的日本人"系列。他让模特在T型台上即兴发挥，他们或嬉闹打斗，或跳起康康舞，有的甚至袒胸露背，此次表演给人印象深刻。到了80年代，时装秀发展到了鼎盛时期。电影和摇滚明星被安排在时装秀的第一排就座。如此一来，超级名模在T型台上走秀，"狗仔队"则试图抓住每一个瞬间，拍下明星的每一个细节，如此景象如同置身于一场戏剧舞台之中。时装大师詹尼·范思哲曾执导了很多场最具影响力的时装秀。

这样的"戏剧秀场"仍在继续：明星观秀，世界的媒体则随时准备，伺机而动。2004年，亚历山大·麦昆邀请迈克尔·克拉克（Michael Clark）为他的时装秀编排舞蹈和整体流程，因此这场时装秀看起来更像是一场表演艺术。此外，麦昆还曾用装着飞舞的蝴蝶的网，将模特的头部包裹起来。他也曾在T型台上，让机器人使用喷枪为一件白色裙装现场上色。由夏帕瑞丽引领的独特创意不断地为时装秀场带来戏剧性的瞬间与魔力。

2001年，亚历山大·麦昆的春夏新品时装秀。秀场被布置成一个关押精神病人的玻璃房。压轴演出的是一位头戴面具的半裸模特，此外，她还被飞舞的飞蛾所环绕。

娱乐与时尚完美结合。

与丝绸相比，尼龙价格更加低廉，而且不会在脚踝处起皱，同时又能为双腿增加一层柔滑的光泽感。

1938年，英国索森德。第二次世界大战期间的欧洲，每一位有时尚敏感度的女性都会穿着一双奢侈的尼龙长筒袜。

革命性的神奇纤维

观念 44

尼　龙

1938年，尼龙最初仅用于毫不起眼的地方——牙刷的刷毛。但是，不到十年的时间，它已经成为时尚界的宠儿。战争时代每个女人的梦想就是得到一双珍贵的尼龙长筒袜。由于战争时期资源短缺，一双尼龙袜几乎成为难以实现的奢侈追求。

20世纪20年代，由于远东的丝绸供应短缺，美国人开始寻求研发全新的替代品。化学公司杜邦成立了自己的科研分部，并为世界人造纤维做出了巨大的贡献。由科学家华莱士·卡罗瑟斯（Wallace Carothers）带领的团队发明了一种新的纤维，它是从一种长链的人造分子中提取出来的聚合物。他们将这一发明申请专利并命名为“尼龙”，从此一个传奇诞生了。

尼龙是世界上第一种人工合成纤维，拥有超强的韧性和弹力。在早期作为牙刷刷毛的原料之后 ，1939年，尼龙这一神奇纤维开始被用于制作编织袜，到1940年，它成为长筒袜的制作原料。与丝绸相比，尼龙价格更加低廉，而且不会在脚踝处起皱，同时又能为双腿增加一层柔滑的光泽感。但是，在1941年，由于战争原因，杜邦公司将生产重点转移到降落伞、帐篷以及绳索制造等方面，尼龙的供应不得不中断。为了得到珍贵的尼龙袜，女人们只能选择等待战争结束，或者到黑市上以超高的价格购买。

战争即将结束的时候，纽约的梅西百货公司仅仅在6小时之内就卖光了他们的长筒袜，总共约5万双。媒体将此称为“曼哈顿大街的尼龙袜骚乱”。

在战后时代，由于尼龙特有的柔软与光泽度，更重要的是它便于清洗和熨烫的特点，女性时尚产业将尼龙作为丝绸的替代品，用来制作女装和内衣。尼龙开始被视为流行和现代的象征。《时尚芭莎》杂志特别制作了一个专题，名为“尼龙织物，梦幻内衣的选择”，并配有尼龙睡衣和尼龙长袍的柔美图片。设计师也曾尝试使用尼龙来制作充满戏剧性的晚礼服和柔软的女性内衣，如格蕾丝。

如今，完全由尼龙制成的服装也许不会被高端时尚所推崇，但是，尼龙与其他在市场上出现的成百上千种人造纤维一样，都曾对时尚界产生过重要的影响。它们的出现，使得服装更加容易清洗，价格更加低廉，而且穿着更加舒适。

1956年，杜邦公司在杂志上为尼龙所做的广告。

2009年，由让·保罗·高缇耶设计的爱马仕秋冬新品时装发布会。设计师受到20世纪20年代女飞行员阿梅莉亚·埃尔哈特的启发设计出的时尚连体裤。

顶图：1943年，一位美国的机械师。战争时期，在工厂工作的女性会选择穿着实用性很强的连体工作服。

上图：1974年，彼得·布朗与帕姆·格里尔在影片《狡猾的布朗》中演出。影片中，帕姆·格里尔穿着一件低胸、紧身的连体裤。

一体化的成功

观念 45

连体裤

20世纪最初出现的连体裤与现代时装T型台上出现的性感版本相去甚远。最初，它的出现仅仅因为方便穿着。在第二次世界大战期间，美国和欧洲的妇女穿着棉质或牛仔布的连身工作服在工厂里上班。

设计师艾尔萨·夏帕瑞丽设计出一种时尚版本的防护服，它是一种配有口袋和兜帽的连体裤。由于人们常常在夜间突然被要求撤离至防空洞，所以这一设计是当时人们的绝佳选择。此外，由于时任英国首相温斯顿·丘吉尔在办公室也曾穿着此款连体裤，因此更令连体裤名噪一时。

从20世纪60年代末到70年代初期，连体裤已经完全从一件纯防护作用的服装转变为人人都想得到的时尚单品。与过去遮掩女性身体的曲线不同，这时的设计师开始选择弹性的面料来制作连体裤，以使人们穿起来变得凹凸有致，十分诱人，在舞场中更是能够散发性感魅力。1969年，美国国家航空航天局的登月计划成功，公众看到了宇航员穿着航空服登月的瞬间，而这一关键性的历史时刻也为众多设计师提供了设计灵感，他们开始重新思考连体裤的设计与改良。鲁迪·吉恩里希、伊夫·圣·罗兰与唐纳德·布鲁克斯（Donald Brooks）都推出了他们自己版本的连体裤。美国设计师诺玛·卡玛丽则选择以制作降落伞的尼龙为面料，设计连体裤。然而，当时尚界正在力图将连体裤设计成与高跟鞋完美搭配的性感单品时，70年代的女权主义者们却选择老式、结实的防护工作服来掩盖自己的身体曲线，表达她们的政治立场。

连体裤有多种主题版本，包括："猫女服"，这是一种紧身包裹的连体服；"海滩装"，将连体裤下半身变为短裤的设计等。在2008年和2009年，设计师推出了一系列细腿、性感的连体裤，如亚历山大·麦昆、普林以及斯特拉·麦卡特尼。在时尚界，这样一体化的连体裤也许时而会成为时尚宠儿，时而消失不见。只是，它很少作为日常装出现，除非是工人的工作服。当夜幕降临，连体裤的炫目时刻开始了，它成为那些流动长裙的替代品，只是更加性感，并充满现代感。

战时的紧缩产生全新时尚

观念 46

定量配给

第二次世界大战期间的原料短缺并没有完全遏制时尚的发展，相反，艰苦的形势使得设计师和女性不得不开始对服饰进行创新。在欧洲，宽摆、需要大量面料的长裙不再流行，取而代之的是更加节俭、流线型设计的裙装，限定尺寸的肩宽与裙长成为重点。

随着战争的发展，对原材料与面料的供应需求越来越大，时尚设计师开始对现有资源进行大胆革新与改造。在巴黎，著名设计师可可·香奈儿与玛德琳·维奥内特都关闭了自己的时装屋。其他的设计师都飞往国外寻求发展，如梅因布彻（Mainbocher）、查尔斯·詹姆斯（Charles James）和爱德华·莫利纽克斯。由于时事艰难，加上原料短缺，高级定制晚礼服的裙长变得越来越短，而日常服装的面料也越来越少。纳粹强制规定，皮带的宽度只能有4厘米，而制作外套的面料尺寸不得超过4米。白色的衣领和袖口弥补了色彩原料以及印有图案布料的不足，由于缎带的供应并没有受到限制，因此它们成为细节装饰的重要元素。法国女性开始穿着木质鞋底的鞋子，并十分热衷于二手衣服的回收。

1941年，英国贸易部为了配合政府面料限制的政策，召集了一群设计师来设计一系列时尚流行的服饰，其中就包括著名设计师哈迪·雅曼、爱德华·莫利纽克斯与诺曼·哈特耐尔，总共有32名设计师加入了大批量制造的行列。他们的设计被称为“实用服饰”。

在欧洲，由于服装更加苗条、紧身，作为对女性的一种心理补偿，帽子和鞋子的设计在尺寸大小方面变得越来越夸张。而当稻草的供应中断，无法再继续做草帽的时候，人们便开始转向使用头巾、贝雷帽、面纱和发网。此外，大家还开始自己动手装饰起了帽子，使用家中的碎布对帽子进行独特的个性设计。随着皮革供应变得稀少，软木和木材也成为制作厚底高跟鞋的原料。艾尔莎·夏帕瑞丽在她的自传《令人震惊的生活》中写道：“由于纽扣和安全别针的稀缺，人们开始用拴狗的狗链来系紧西装和固定裙装。”

1942年，美国人同样也遭遇到定量配给的问题，限制令包括了对晚礼服的限制、不能使用毛织品进行包裹、不允许使用斜纹裁剪法来裁剪袖子，以及不允许佩戴宽的皮制腰带，等等。像克莱尔·麦卡德尔（Claire McCardell）这样的美国设计师，开始充分发挥自己的发明创造力。“胶囊衣橱”就是一个典型的代表，它让人们将固定的几件上衣与下装进行交叉组合，来适应不同的场合穿着。

早在1946年，富有创造力的设计师克莱尔·麦卡德尔就设计出了这条现代的时尚裹裙以及泳衣。

1940年，英国设计师哈迪·雅曼在筹备他的全新春装系列时装秀。战争时代的时尚界受到了严格定量配给的影响与冲击。

2003 年，一位英国朋克青年，他穿着个性化设计的裤子和皮夹克。

最左图：1940年，蜜丝佛陀品牌的代表在一位女士腿部勾画虚拟长筒袜的线条。

左图：1940年，在第二次世界大战刚刚爆发的时候，一位打扮十分有型的女士在出席婚宴的时候，头戴一顶编织的时尚女帽。

观念 47

修修补补

1939年，当第二次世界大战爆发的时候，女性对于战争即将带来的冲击毫无概念。战争不仅仅给人类带来了巨大的灾难，每个人的日常生活也不得不发生转变。战时的物资限制令设计师与普通妇女在时尚方面不得不充分利用现有资源，而这也促使了新设计、新面料以及新时尚的产生。

战时的资源定量配给，加上德国对欧洲的侵占都限制了时尚的发展，服饰上繁杂的设计以及过多的装饰已经完全不可能实现。曾经被用作女性优雅长裙面料的丝绸被用来制作降落伞。英国政府向民众建议道："当你感觉已经厌倦了自己的旧衣时，请记住：对它们进行修补便意味着你们可能为国家节省出飞机的零件、一把枪，甚至是一辆坦克。"

因此，这个"修修补补"的年代成了激发创意的时代。女人开始自己编织或回收旧衣，她们将缎带缝在旧裙子上，或利用供给的面料来制作大衣和其他衣服。使用缴获的德国国旗来制作礼服已经并不稀奇。意大利皮鞋设计师萨尔瓦多·菲拉格慕使用软木、胶木和棕榈叶纤维来制作楔形鞋鞋跟。凡士林、可可粉以及木炭制成的炭笔成为当时的化妆品，女性使用褐色液体的笔在腿部画上细线，以此来制造长筒袜的虚幻效果。人们不再穿着传统的套装，而是开始进行不同上下装的混搭，这样做的效果是让人们误以为自己生活殷实，拥有很多衣服。

战争的结束并没有使这样的创造力停止。20世纪60年代末到70年代初，嬉皮士推崇手工或家庭编织的服饰。他们使用碎布和串珠来装饰牛仔裤和夹克，这也成为当时的风潮。同样的，朋克一族利用链条来进行个性化设计皮夹克，用安全别针来制作首饰。此外，他们还别出心裁地将T恤以创意的方式裁剪开，十分个性时尚。

到了20世纪90年代，循环利用成为流行时尚。奢华的古董精品店与传统的慈善商店并排出现，人们越来越重视节俭的生活方式。设计师海伦·斯道瑞（Helen Storey）推出了一个名为"第二人生"的系列产品，其中主要包括经过改造或个性化设计的古董衣。在世纪之交，个人手工织造的服饰再一次成为流行时尚，而且年轻的设计师可以绕过传统的零售渠道，通过网络直接将自己亲手制作的服装销售给客户。"修修补补"的审美精髓直到现在仍旧有着极强的生命力，并会一直是时尚界瞩目的焦点。

空中漫步的朋克和警察

左图：20世纪80年代，英国的“光头党”们穿着马丁靴，这是他们当时普遍的日常装扮。

上图：马丁靴的发明者克劳斯·马丁医生（左一）和赫伯特·马克，照片摄于20世纪60年代。

观念 48

马丁靴

空中漫步并非一时空想。在第二次世界大战期间，25岁的德国军医克劳斯·马丁医生（Dr Klaus Maertens）在巴伐利亚的阿尔卑斯山滑雪时不慎摔伤了脚，由此他希望能够设计出一款“空气气垫鞋底”，从而能使走路变得更加轻松。他可能从未想过，自己的这款发明最终成为“光头党”、朋克族与足球迷们钟爱的鞋款。

在战争即将结束的时候，马丁与一位名为赫伯特·马克（Herbert Funck）的机械工程师一起创业，生产他们设计的全新靴子。最初，他们使用二手原料来制作靴子：制作鞋底的橡胶来源于德国空军的机场，鞋子的金属孔眼来源于二手军用夹克，而制作靴子的皮革则取自军官们穿过的皮裤。

人们最初之所以购买这款全新的空气气垫靴，主要是因为它的舒适度和耐用性。工厂和建筑工地的工人们很快就意识到了这款靴子的实用价值。1960年，马丁将专利设计的销售权卖给了英国的格瑞格斯公司（Griggs），该公司在英国开始制作黑色与樱桃红色版本的马丁靴，并在靴子的外沿添加了个性的黄色缝线。而其独特的空气气垫也被冠以特殊的商标“AirWair”。

英国的“光头党”们在20世纪60年代开始穿着马丁靴，配上他们个性的包腿紧身裤；而70年代的朋克族使用颜料和金属链为马丁靴进行装饰；足球迷则用他们支持队伍的颜色对马丁靴进行改造。马丁靴不但在亚文化群体中不断流行，而且它也成为20世纪70年代英国警察制服的标准配备之一。

但是，马丁靴能够在主流时尚中站稳脚跟要感谢两名日本设计师：川久保玲品牌旗下的山本耀司和川久保玲。正是这两名设计师将马丁靴推上了时尚T台。马丁靴配上经典的“501牛仔裤”，加上皮夹克或短夹克，这样的装扮被人们称为“DMs”，并成为20世纪80年代都市中性打扮的潮流风尚。

1979年，耐克将空气鞋垫引入跑鞋的设计之中，并于1987年发布了顶级训练鞋Air Max trainer。同时，DMs依旧在学生、哥特摇滚迷、垃圾摇滚迷以及颇具个性的独立乐迷中流行。克劳斯·马丁医生一次事故所引发的新设计灵感，将继续为数以万计的人们带来时尚的享受。

2009年，设计师让·保罗·高缇耶在他的秋冬新品发布会上，将普通的马丁靴设计提升至高端时尚的世界之中。

朋克族使用颜料和金属链为马丁靴进行装饰；足球迷则用他们支持队伍的颜色对马丁靴进行改造。

巴黎现在仅仅是众多时尚中心之一。

上图：1965 年，法国女星凯瑟琳·德纳芙和她的丈夫——英国摄影师大卫·贝利（图中、后）在伦敦观看安娜凯特品牌时装秀

左图：1955 年，在巴黎欣赏迪奥时装秀的嘉宾其中有巴黎《时尚芭莎》杂志编辑玛丽·路易丝·布斯凯、《时尚芭莎》杂志主编卡梅尔·斯诺、美国《时尚》杂志艺术总监亚历山大·利伯曼。

时尚之都失去了她的皇冠

观念 49

巴黎的地位被动摇

在20世纪上半叶，巴黎仍旧是无可置疑的时尚之都，其高级定制时装系列决定了全球时尚潮流的方向。然而，50年之后，就在世纪之交，纽约、伦敦和米兰都已经成为争夺"时尚之都"桂冠的有力竞争者。

在之后的十年，悉尼、孟买和东京也开始举办重要的时尚盛事，到21世纪初，更多的城市开始向全球市场张开双臂，准备随时进军国际。

在第二次世界大战之后，美国成为生产制造的强国，为时尚界提供价格低廉且质量上乘的产品。在服装的设计剪裁方面，生活殷实的美国人不再仅仅艳羡巴黎，而是逐渐开始关注本土设计师，其中包括梅因布彻和诺曼·诺雷尔（Norman Norell）。美国时尚一直以其运动休闲的特色而闻名，第一场规范组织的时装周活动始发于1943年的纽约，当时被称为"发布周"。其主办的主要原因是战争时期去巴黎采访的新闻记者会受到限制，因此美国纽约时装周很快成了全球时尚界的重要盛事之一。

两年一届的米兰成衣时装周，来自全球的时尚媒体记者和买家们蜂拥而至。

战争结束后，意大利涌现出许多新晋设计师，如席蒙娜塔（Simonetta）与阿尔贝托·法比亚尼等，他们凭借艳丽图案的设计对当时的时尚界产生了不小的冲击。因此，战后的米兰时装周逐渐成为全球买家与时尚媒体每年固定关注的时尚盛事之一。1951年，来自罗马和米兰的10位设计师在意大利佛罗伦萨举办了一场名为"为高端时尚预备"的时装秀——之后改在佛罗伦萨的皮蒂宫举办，它成为每两年一届的时尚盛事。就在佛罗伦萨，众多意大利时装设计师被推荐到世界的舞台，其中包括著名设计师艾米里欧·璞琪和罗贝托·卡普奇（Roberto Capucci）等。从20世纪70年代末开始，米兰取代佛罗伦萨，开始举办意大利的成衣时装周活动。

20世纪60年代，时尚界的焦点开始转向伦敦，那里充满青春和叛逆的气息，常常对国际时尚流行产生巨大影响。1983年，英国时装协会成立，并开始组织伦敦时装周的活动，吸引了来自全世界的时尚买家和媒体记者。

毋庸置疑，巴黎仍旧保持着高级定制时装的时尚核心地位，且每两年都会推出极具影响力的女装成衣秀。然而，法国的时尚之都不能仅仅躺在曾经的功劳簿上，并指望着曾经的辉煌。所有蜂拥而至的买家和媒体记者都清楚地知道，全球其他城市能够提供哪些产品和设计。随着高科技的发展，全世界的人们已经可以通过网络直接观看现场的时装秀。在繁忙的国际时尚舞台上，巴黎现在仅仅是众多时尚中心之一。

模特的顶级名单

观念 50

超级名模

简·诗琳普顿、崔姬、劳伦·霍顿、杰瑞·霍尔以及凯特·摩丝均曾获得过“超级名模”的头衔。当这些女孩成为时尚界之外家喻户晓的明星之后，大众开始将她们视作崇拜的名人与时尚偶像。因为自身的“光芒”，她们常常令自己身边的一切事物黯然失色。

最初，模特是由一些面容姣好的女孩来担当的，她们被用来作为展示衣服的工具。人们一般不会了解她们的名字，而模特自己也不会被宣传推广。20世纪40年代，瑞典女模丽莎·佛萨格弗斯开始声名鹊起，她的成名改变了一切。有些人将她视为第一位“超级名模”，不仅仅是因为她的照片曾出现在超过200多期《时尚》杂志的封面上，更是因为她作为一名当时身价最高的模特，却有着一颗谦卑的心，她对美国《时代》杂志说：“服装永远是第一位的，而不是、从来不是，也永远不是穿衣服的那个女孩。我只不过是一个不错的衣服架子罢了。”也有人认为20世纪60年代的女模宁丝利·汉拜是第一位超级名模，她就是以娇小身形闻名世界的崔姬。

20世纪70年代，美国的模特成为超级明星，而且往往向演艺界发展。劳伦·霍顿与著名的化妆品公司露华浓签订了一份金额十分可观的代言协议，这份协议在当时来讲也是独一无二的。这为将来行业内模特与商业公司的合作模式树立了可供借鉴的范本。到了80年代，随着时尚与香水等电视广告和巨型广告牌的不断普及，公众很难忽略出现在广告中那些超级名模的模样。而那些聪明的模特——如克里斯蒂·布林克利，则意识到为产品代言不仅仅能够带来更多的收入，而且也能提升自己在公众心目中的明星地位，它所带来的影响是会有更多的工作机会找上门来。

然而，真正属于超级名模的黄金时代是在20世纪90年代，众多名模成为家喻户晓的人物，其中包括琳达·伊万格丽斯塔、纳奥米·坎贝尔、克里斯蒂·特林顿、辛迪·克劳馥、克劳蒂亚·雪佛和凯特·摩丝等。她们和电影明星一样，拥有财富，与著名化妆品签约，频繁出现在聊天电视节目中，并经常被“八卦”专栏提及。而岁月的流逝也并没有挫伤她们赚钱的能力。艾尔·麦克珀森成立了一家非常成功的内衣公司，克里斯蒂·特林顿则推出了自己设计的服装系列。凯特·摩丝紧随其后，2007年与英国品牌TOPSHOP合作推出个人专属的服装设计系列。而超模琳达·伊万格丽斯塔并不像自己的前辈佛萨格弗斯那样谦逊，1990年，她曾说出如此“狂妄”的名言：“我们信奉这样一句话：‘如果当天收入少于1万美金，我和克丽丝蒂决不会起床。’”

现在，真正属于超级名模的黄金时代已经过去。各大厂商——尤其是化妆品公司，更加青睐于邀请知名演员为其产品代言，现在已经没有几位模特能够被大众所知晓了。

顶图：1949年，被部分人们视为第一位超级名模的丽莎·佛萨格弗斯正在为摄影师霍斯特·P.霍斯特当模特。

上图：1997年，年轻的超级名模凯特·摩丝。

她们和电影明星一样，拥有财富，并经常被“八卦”专栏提及。

著名摄影师彼得·林德伯格被众多90年代的超级名模簇拥，她们包括：克里斯蒂·特林顿、塔嘉娜·帕缇兹、纳奥米·坎贝尔、辛迪·克劳馥和琳达·伊万格丽斯塔。

1962年，“性感炮弹”乌苏拉·安德丝在007系列电影《诺博士》中，身着经典的白色比基尼。

比原子弹爆炸的威力更强大

观念 51

比基尼

人们曾经把比基尼比作“将所有性感部位放大的一个画框”，其性感撩人的姿态毋庸置疑。1946年，当比基尼第一次出现在巴黎某时尚活动时，发明它的设计师路易·雷亚尔发现，没有任何一位模特愿意穿上它。

1946年，设计师路易·雷亚尔的发明引起一阵骚动。由于没有任何一名模特愿意穿着他的设计，因此，无奈之下，雷亚尔找到了一名在巴黎赌场工作的脱衣舞娘来展示自己的作品。

事实上，在1946年，人们认为有两个人与比基尼的发明有关，他们都是独立的设计师，分别是雷亚尔和贾克·海姆（Jacques Heim）。海姆首先将自己的设计命名为“原子”。1946年的7月，美国人在比基尼群岛附近平静的太平洋海面上爆炸了一枚原子弹，因此雷亚尔将自己的发明也命名为比基尼，而这一名称也逐渐普及流行。由于找不到模特为雷亚尔展示比基尼，无奈之下，他便雇用了一位名叫米歇琳娜·贝尔纳迪尼的脱衣舞娘来展示自己的作品，此举在当时社会非常前卫大胆，而最初的比基尼只是由一件文胸和被细线连接的两片三角形面料组成。

在之后不到10年的时间里，法国爱美的女孩为了炫耀自己夏天晒黑的皮肤，都会选择穿着有花朵或动物图案装饰的比基尼。相比之下，美国人则略显保守，直到60年代中期才逐渐接受比基尼。同样的，在欧洲的其他国家，很多人对比基尼仍持保留态度，意大利、西班牙以及葡萄牙甚至将比基尼列为禁售产品。

对于那些刚刚入行的小明星来说，比基尼却是一个展示她们凹凸身材的极好工具。女星丽泰·海华斯就曾穿着一身白色比基尼为《生活》杂志拍摄封面照。1956年，美国女星简·曼斯费尔德在出席一个晚宴的时候，只穿了一身豹纹印花的比基尼。演员拉奎尔·韦尔奇（Raquel Welch）在电影《公元前一百万年》（1966）中的兽皮比基尼剧照，充满野性风情。邦德女郎乌苏拉·安德丝（Ursula Andress）在1962年的“007系列”电影《诺博士》中，身着白色比基尼出水芙蓉般的经典画面，性感撩人，美艳绝伦。她们都成为一个时代的性感时尚偶像。

雷亚尔为了宣传他的设计，曾打出“比世界上最小的泳衣还要小”这样的标语，但是比基尼的设计仍在不断地变小。那些曾经认为雷亚尔最初的设计过于伤风败俗的人们，如果看到20世纪70年代出现的“细带比基尼”，也许会被气疯。它主要由四块极小的三角形面料组成，通过细带连接缠绕在身体上。它看起来基本不存在，并且能够让人们的身体全面地享受日光浴。

公众对裸露的态度变化得十分迅速。现在，在西方国家，每一片沙滩上都能看到比基尼的身影，且对穿着者没有任何年龄的限制，从儿童到老人都可穿着。

贫困时代的“堕落”女装

观念 52

“新风貌”时尚

1947年，当克里斯汀·迪奥推出全新的高级定制时装系列时，便在社会上引起一阵流言骚动。迪奥将他设计的服装系列称为“花冠系列”，因为他设计的性感女士裙装自腰部以下向外“炸”开，与极其纤细的腰身设计产生强烈的对比，正如花朵的花冠一般。他的设计很快被《时尚芭莎》的编辑卡梅尔·斯诺命名为“新风貌”时尚，这个称号一直沿用至今。

克里斯汀·迪奥在1947年推出的高级定制时装系列中的一款——“Bar” 套装。对于在第二次世界大战期间饱受物资短缺和定量配给限制的女性来说，这件套装充满诱惑力。

为了制作这件巨型裙装，迪奥必须用掉许多米的面料。由于当时全欧洲正处于原料极度短缺的时期，因此，他这一举动似乎也是在嘲讽第二次世界大战所带来的“定量配给”的情形，以张扬的手法来故意阐释当时人们不得不严格遵守的“修修补补”准则。

女性对于他的这一大胆的奢华设计一心向往的同时，也会觉得有些恐惧，因为迪奥的设计与她们平时在白天所穿的工作服和战时的实用服装的反差对比实在是太过于明显了。迪奥新款的推出，反映出生活的富裕与物资供给的充足。在裙子内部，腰部设计必须夹入女士的紧身束胸，而且在臀部也要加上衬垫，从而使得穿着对象整个躯体的线条更加性感迷人。《时尚》杂志这样写道：“迪奥是在巴黎出现的设计新星。他自己的处女设计秀不仅仅令其声名鹊起，而且也挽回了整体社会的颓势，在这个缺乏灵感、无趣的时代，他令人们对时尚的兴趣重生。”

迪奥的设计令人们回想起曾经的19世纪所倡导的“沙漏”型审美，当时的中产阶级以及上流社会的妇女都过着骄傲奢华的生活。经历了多年战争的黑暗时代，女性通过迪奥的设计，再一次开始向往战后可以过上乐观、富裕殷实的日子。不得不说的是，其实在1939年战争开始之前，就已经有一批设计师推出类似的宽裙时尚了，他们包括克里斯托巴尔·巴伦西亚加（Cristobal Balenciaga）、杰奎斯·菲斯和皮埃尔·巴尔曼（Pierre Balmain）等。但是，只有迪奥把握住最佳的时机，在战后推出了自己的设计并取得了轰动效应。

要做一件迪奥式日常裙装，需要用掉15米的面料，而晚装则需要用掉25米。因此，他的设计在当时被“奢侈”的声名所累，众多愤怒的民众对“迪奥时装屋”进行冲击。在巴黎，一位模特在公众场合被人扒去了身上的衣服，而政客们则强烈谴责对于面料物资的不必要浪费。只是，在强烈反对的声浪之下，迪奥的时尚造型却被越来越多的人所熟知。随着战后物资匮乏情况的结束，对迪奥反对的声音也逐渐消失。女性对迪奥的设计情有独钟。直到20世纪50年代中期，“新风貌”时尚一直牢固地在时尚界占有重要的地位。

1949年，克里斯汀·迪奥设计的作品，这是他“新风貌”设计时尚的经典代表。

速干和免烫

观念 53

人工合成纤维

从尼龙到聚酯纤维，20世纪中期人工合成纤维的逐渐演化发展已经改变了人们的穿衣习惯。与天然纤维相比，人工合成纤维拥有洗后速干、穿着更加舒适、弹力更强以及褶皱更少等众多优点。

1938年，杜邦公司发明了尼龙，它成为民用面料市场上出现的第一种真正的人工合成纤维。尼龙的发明，最初使得第二次世界大战期间以及战后时期的女性能够穿着不易脱落或没有褶皱的长筒袜。之后，尼龙还被用来制作内衣和女装。尼龙本身具有强度好、弹性强的优势。

之后，人造纤维便成了服装生产和设计中不可忽视的成分之一。其中主要的人造纤维包括：腈纶、尼龙、聚酯纤维以及氨纶（也被称为莱卡或弹性纤维）。设计师艾尔萨·夏帕瑞丽对于这些全新的发明十分着迷，因此她与纺织生产商合作，使用如玻璃纸这样的面料来设计制作她的高级定制时装。

1969年，一位模特穿着由涤纶与棉制成的女装。

"洗后速干"的纤维织物拯救了数以百万的家庭主妇，令她们免于晾晒和熨烫衣物的劳苦。同时，随着女仆这一职业逐渐消失，速干衣物刚好与全新家用电器的发明完美地结合起来，如洗衣机等。20世纪50年代，腈纶与棉的结合成为最早的速干衣物纤维，而紧随其后的聚酯纤维成为众多服装公司争抢的新宠，它被用来制作更加速干的服装。此外，人造合成纤维也使服装在洗涤的过程中不会轻易脱色。

到了20世纪60年代，全新的人造纤维涌入市场，并引导了时尚潮流的方向。代纳尔与蒂克纶纤维可以用来制作人造皮毛或假发。设计师也尝试使用塑料和热熔合技术来设计衣物，"摇摆伦敦"时代的潮流青年会穿着色泽光亮、由聚氯乙烯和乙烯基纤维制成的服装行走在大街上。涤纶——聚酯纤维的一种，也被专门用来染上令人注目的鲜亮颜色。各大纺织公司试图与玛丽·奎恩特这样的著名设计师合作，从而提升新纤维织物在时尚界的影响力。

人造纤维一直被用来制作价格低廉的衣物，但是到了20世纪末，人们开始接受，甚至是期待看到人造纤维与天然纤维的结合使用。这样的组合，在保持天然纤维（如棉布或丝绸等）的自然特质的同时，也能够为其增加强度、弹性以及抗褶皱等功能。"微纤维"织物的发明，为运动装与内衣制作带来变革，它的质地轻薄，如人类"第二肌肤"，但同时也能够拥有坚固耐用的特质。

由于人造合成纤维拥有诸多优势特性，因此它已经被推广使用，尤其在制作运动服装、内衣以及配饰等方面。它拥有独特的弹性以及耐久性，此外也具备了便于使用以及价格低廉等优势。因此，自然而然地，人造合成纤维成功地改变了时尚界。

“摇摆伦敦”时代的潮流青年会穿着色泽光亮、由聚氯乙烯和乙烯基纤维制成的服装行走在大街上。

20 世纪 60 年代的杂志广告，这是为杜邦公司的腈纶纤维“奥纶”（Orlon）所拍摄的时尚广告片。

年轻的力量

观念 54

青少年时尚

世界不能没有青少年的存在——然而这个特殊的群体直到最近才被逐渐重视起来。他们与那些年龄稍大的儿童或年纪稍轻的成人有所不同。在两次世界大战之间，青少年开始拥有了自己的个性时尚与流行趋势；不过直到20世纪50年代，青少年才真正拥有了作为一个独立群体的话语权，开始受到社会的重视。

20世纪50年代，伦敦苏豪区的Two I's 咖啡屋，青少年们常在此聚会。

对于英国，尤其是对于美国而言，战后出现了非常繁荣的时期。富裕的生活为普通家庭带来了全新的自由，青少年当然也不例外。他们拥有强大的消费力和大把的空余时间，而这对于精明的广告商来说是绝佳的目标客户。由于拥有特殊的外貌、观点和个性风格，青少年成了独特的群体。他们非常乐于为自己喜欢的衣服、唱片或物品消费。在摇滚乐中，他们也拥有自己专属的乐曲，尽管这些被父母们称作“撒旦的音乐”。青少年喜欢在冷饮店（美国）或甜品铺（英国）中聚会。他们骑着小型摩托车或开着敞篷车到处走走停停，穿着和自己父母完全不同风格的服饰，到舞会上尽情跳舞。

通过电视、电影和音乐，美式风格对于欧洲的青少年影响巨大。詹姆斯·迪恩是青少年心目中的终极叛逆者，和他相仿的还包括保罗·纽曼和马龙·白兰度。对女孩来讲，玛丽莲·梦露、多丽斯·黛和伊丽莎白·泰勒则是她们心中的女神。而歌星“猫王”埃尔维斯·普雷斯利、比尔·哈利和杰瑞·李·刘易斯则成为一代人的摇滚偶像。

女孩不再希望像自己的母亲一样，穿着简洁干练的套装。她们渴望宽松、休闲的服装，从而能够体现出她们自己的年龄特征和独立个性。她们有时会穿着短裙，配上宽腰带，上衣则选择白色衬衫、毛衣或开衫。有时她们也会选择花朵图案的长裙，并在颈部系上一条丝巾作为装饰。Polo衫、牛仔裤和七分裤成为她们休闲装的首选。美国好莱坞的电影明星，在青少年中引发了一股“紧身衣女孩”的风潮，姑娘们都喜欢穿着紧身的上衣，突出自己丰满的胸脯。

到了20世纪60年代，青少年和青年成为时尚界关注的主流群体。年轻人拥有着多变的时尚观念，会随着流行不断地改变自己的穿衣风格。唱片公司、时尚品牌和各大时装屋也开始增加年轻雇员的人数，其管理层也日渐趋于年轻化。10年之间，不同年龄段之间的代沟已经越来越大。

现在，青少年已经成为社会上的一个重要群体，其影响力与消费能力必然会随着时间的流逝而逐渐增加。

2006年，日本东京，16岁的少女创造着属于自己的时尚风格，她们身上的品牌包括斐乐（Fila）、匡威和香奈儿。

对页上图：1953年，美国影星马龙·白兰度在电影《飞车党》中的经典形象。

对页下图：1931年，影星玛琳·黛德丽在电影《声名狼藉》中扮演了一名在维也纳以妓女身份作为掩饰的秘密特工。

显示出男人的健壮。

2006年，约翰·里士满（John Richmond）品牌春夏时装系列中的一款皮夹克。

牛仔革命

观念 58

牛仔裤

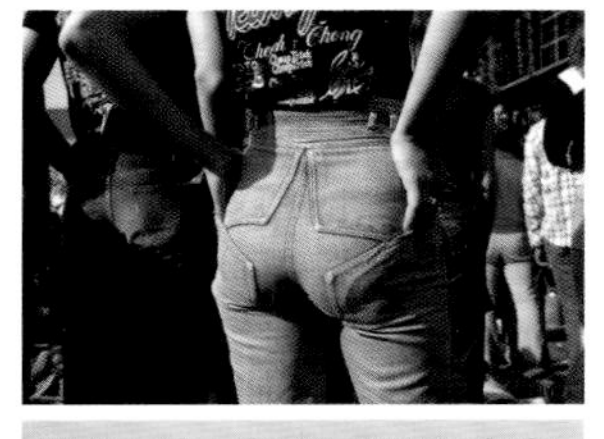

不论是直筒、紧身、宽松还是低腰，粗布牛仔裤一直是西部时尚中长久不衰的中性代表，且老少皆宜，几乎每个人都会拥有一条牛仔裤。曾经仅作为阳刚的工作服而出现的裤子，现在也可配上高跟鞋和夹克，从而显得时尚且韵味十足。

尽管现在在金融、贸易公司或律师行中，西装仍旧是必需的穿着，但是对于出身卑微的牛仔裤而言，它在时尚界的地位已经有了很大的进展。

在19世纪的欧洲，很多人都穿着硬质牛仔布的裤子，而我们今日所熟知的牛仔裤是由雅各布·戴维斯（Jacob Davis）和李维·斯特劳斯（Levi Strauss）于1873年在圣弗朗西斯科的一座不起眼的淘金城中设计推出的。他们设计的初衷是为了那些在遥远的西部进行艰苦室外工作的人提供一款结实耐用的产品。他们所设计的服装的亮点在于，口袋以及裤子的各个耐磨处都使用了铜制铆钉来加固。此外，为了方便零售商区分不同的裤型，他们对最初的“高腰牛仔裤”进行了编号，而质量最好的被分到了501的编号。不久之后，蓝色粗布牛仔裤就成了西部牛仔、伐木工、农夫以及牧场工人的工作服。

20世纪50年代，美国叛逆的青少年们受到影片中穿着牛仔服形象的偶像影响，都开始穿着牛仔服装，那些对他们产生影响的影星包括：1952年电影《琼宵禁梦》的主演女星玛丽莲·梦露、1955年电影《无因的反叛》的主演詹姆斯·迪恩等。之后，牛仔裤被出口到欧洲，并出现了众多牛仔品牌，其中包括：Lee、牧马人以及李维斯等。牛仔裤不仅仅表现出战后的经济繁荣，而且对于青少年而言，它也成为年轻个性身份的象征。

到了70年代，蓝色牛仔裤几乎成为青少年的制服。他们穿着喇叭裤牛仔套装，配上长发和项链串珠。同时，这也是各大知名品牌设计师开始争相介入牛仔裤设计的时代，其中包括：芙蓉天使（Fiorucci）、拉尔夫·劳伦（Ralph Lauren）、歌莉亚·温德比（Gloria Vanderbilt）以及凯文·克莱等。时尚偶像碧安卡·贾格尔和美国前第一夫人杰奎琳·肯尼迪·奥纳西斯都成为全新牛仔设计的粉丝。凯文·克莱公司大胆地邀请年轻的性感女星波姬·小丝来为其品牌牛仔裤拍摄一系列带有挑逗性的广告，由著名的时尚摄影师理查德·阿维顿（Richard Avedon）指导拍摄完成。在其中的一张海报中，波姬·小丝摆出即将扯开上衣的性感姿态，而在另一则广告视频中，波姬·小丝身穿紧绷绷的牛仔裤，风情万种地面对镜头低语：“我和我的凯文紧不可分。”《星期日泰晤士报》报道称，凯文·克莱公司的牛仔裤销售额仅仅在一年之间就由2500万美元上升至1.8亿美元。

20世纪80年代，李维斯501系列牛仔裤重回时尚舞台，其广告也铺天盖地侵入电视以及各大影院。其中最著名的要数由当红模特尼克·卡门（Nick Kamen）为其代言拍摄的广告。在广告中，尼克只穿着一条拳击内裤坐在自助洗衣店里面。在接下来的10年内，直筒与低腰牛仔裤成为主流。市场上也纷纷出现了更多的牛仔品牌，如Earl Jean、7 for All Mankind以及真实信仰（True Religion）等。有些品牌只为女性设计，专注于性感的曲线裁剪以及增加裤腿的弹性，这种品牌的牛仔裤往往售价都比较高。

在仅仅100年的时间里，牛仔裤已经从最初的男性工作服发展为女性时装设计师品牌的时尚宠儿。

街头挚爱的鞋款

观念 59

运动鞋

曾经仅限于体育运动的胶底运动鞋，现在的功用已经和其运动相关的起源相去甚远。它们已经和牛仔裤或白色T恤衫一样普遍，人们每天都会穿着，并将其视作日常休闲装的必要组成部分。

1949年，巴黎，法国大学生穿着运动鞋在跳社交舞吉特巴。

运动鞋的鼻祖——轻便的橡胶底帆布鞋自19世纪以来一直作为海边休闲装的一部分以及运动鞋来穿着。早期最成功的帆布鞋品牌之一Keds，于1916年在美国创立。这种橡胶鞋由于其轻便且静音的功能，被冠以“小偷鞋”（现在一般被称为“帆布鞋”或“运动鞋”）的名称，因为穿上它，你就可以神不知鬼不觉、悄无声息地“偷偷潜入”。之后，迅速流行的另一品牌是于1917年问世的匡威全明星系列帆布鞋。匡威品牌在很早就十分精明地意识到明星代言的重要意义。因此，在20世纪20年代，他们邀请篮球界传奇明星查克·泰勒（Chuck Taylor）将自己的签名印在全明星系列的帆布鞋上。30年代，羽毛球明星杰克·普塞尔（Jack Purcell）也被邀请代言匡威的普赛尔系列帆布鞋。

自20世纪50年代开始，由于受到电影明星詹姆斯·迪恩在电影《无因的反叛》中身着李维斯牛仔裤和白色帆布鞋的经典形象的影响，美国的青少年开始将帆布鞋作为休闲鞋来穿着。

同时，德国的达斯勒兄弟俩正在试图研发皮质鞋帮的跑鞋。1948年，兄弟俩因出现矛盾分歧，而自此再不往来。但是，他们每个人都继续研究，并创立了各自的体育运动品牌，成为市场上的领先者，他们的品牌分别是：彪马与阿迪达斯。而在1971年，以古希腊胜利女神的名字命名的耐克品牌，也在美国的俄勒冈成立。

体育与时尚之间的跨界一直在持续。1968年，墨西哥奥林匹克运动会上，运动员汤米·史密斯（Tommie Smith）穿着彪马品牌的仿麂皮运动鞋（也称为Clydes）赢得了200米赛跑冠军。由此，他所穿着的鞋子也成为街头的热门时尚单品。不久之后，足球迷们也开始穿上了胶底运动鞋。而随着慢跑运动的兴起，运动鞋逐渐出现在街头大众的视野之中。到了20世纪80年代，胶底运动鞋成为全球热门单品，所有体育品牌厂商不惜重金推广宣传以开拓市场，众多明星也被邀请成为产品的代言人。

1986年，美国传奇嘻哈乐队Run-DMC，通过他们的单曲《我的阿迪达斯》，令阿迪达斯的运动鞋变得更加流行、时尚。

直到20世纪末，高端时尚设计师开始与知名运动鞋品牌合作，试图从市场上分得一杯羹。山本耀司与阿迪达斯合作，向人们推出了黑与白相间的经典三条线logo，该系列也被称为Y-3系列。而设计师斯特拉·麦卡特尼与阿迪达斯的合作更加实际，他们共同推出了时尚户外运动系

上图：现在已知的、仍被人们保存的最早的一双1918年的匡威全明星篮球鞋。

列，以及网球鞋与跑鞋系列设计。保罗·史密斯（Paul Smith）为锐步设计了艳丽颜色组合的限量版跑鞋。三原康裕（Mihara Yasuhiro）则为彪马的运动鞋加入了更多个性的元素，包括钉饰、皮革、条纹以及现代金属设计等，这样的设计完全属于街头时尚，如果被限定在体育场上，则完全是一种浪费。

顶图：2008年，耐克特别为北京奥运会设计的运动鞋。

上图：2010年，阿迪达斯春夏新款运动鞋。

顶图：2010年，英国品牌高乐秋冬新款，设计师让·夏尔·德卡斯泰尔巴雅克将其对流行艺术的热爱与天才的创意融入该品牌独家产品系列的设计之中。

上图：彪马20世纪80年代的经典仿麂皮运动鞋。

1987年，名模格蕾丝·琼斯穿着由“紧身设计之王”之称的突尼斯设计师阿瑟丁·阿拉亚所设计的裙装。

新一代神奇纤维

观念 60
莱　卡

就在杜邦公司发明尼龙后不久，科学家再一次研究出一种全新的神奇纤维：莱卡。这款具有超强弹性的发明带来了一场革命。在此之前，从没有任何一种面料能够拥有莱卡的特质。

加入了莱卡纤维的服饰能够拥有极强的弹性和拉伸性，且不易变形。它们拥有速干的特质，能够被染色和机洗。此外，与橡胶不同的是，和汗水或化妆品接触后，拥有莱卡纤维的衣料不会受到任何影响。

20世纪50年代末，为了寻找能够替代橡胶来制作紧身衣的原料，杜邦公司研发出莱卡纤维，也称为氨纶或弹性纤维。到了60年代，莱卡成为制作泳衣、滑雪服以及新型无痕内衣的重要纤维原料。到70年代时，任何一位希望在舞池或健身房中引人注目的女孩，都会想要得到一件紧身、耀眼的服装。混有莱卡纤维的打底裤、连体紧身衣以及如人体“第二肌肤”的弹力贴身牛仔裤都能够做到紧贴躯体，将完美身材展露无遗。

到了20世纪80年代，知名时装设计师注意到莱卡在袜类以及内衣制作上的完美表现，因此他们开始决定尝试使用弹性纤维进行服装设计。被称为“紧身设计之王”的突尼斯设计师阿瑟丁·阿拉亚，钟情于包裹身材的弹性裙装。他设计出由莱卡混合羊毛材质的贴身女装，并运用精心设计的拉链使服装彻底贴合躯体。2003年，时尚编辑苏珊娜·法兰克尔（Susannah Frankel）曾说道：“杂志编辑以及包括克里斯蒂、辛迪、纳奥米和琳达在内的超级名模们比任何人都清楚地知道阿拉亚的裙装能够给她们带来什么：穿上他的设计，犹如经过整形手术一般，能使人拥有傲人身材，且毫无痕迹。”

荷芙妮格（Hervé Léger）于1989年设计出其标志性的“绷带礼服”。他一般会选择混有莱卡纤维的羊毛或真丝面料，采用靓丽的彩虹色横条，制成缠绕身体且突出女性曲线的裙装，与20世纪初的紧身胸衣效果极为相同。而到了21世纪，加拿大设计师马克·法斯特（Mark Fast）推出了他的性感露肤裙装设计系列，看似传承了阿拉亚的设计理念。《时尚》杂志对其的评价是：“轻薄如丝却若束身内衣一般强韧。”时装不再呈现松垮的姿态，当然也包括被包裹的躯干。

顶图：莱卡为泳衣以及内衣增强了弹性，符合它们要紧贴身体的需求。

上图：1997年，设计师荷芙妮格经典标志性的“绷带礼服”，贴合躯体的同时，也强调了女性的身材曲线。

摇滚巨星占领时尚头条

观念 61

流行歌星

最初的流行明星来自20世纪30年代和40年代的歌手，如平·克劳斯贝和法兰克·辛纳屈。到了50年代，摇滚乐开始流行，后来摇滚经典明星“猫王”埃尔维斯·普雷斯利的时代到来。不过，自从披头士乐队出现后，他们凭借自身的魅力树立了流行明星的标准，并为后人所追随。

1974年，大卫·鲍伊的照片。他是华丽摇滚的经典代表人物，人们永远不会忘记他的“齐格·星尘”和“阿拉丁神灯”的经典舞台形象。

披头士四人组是名副其实的流行摇滚巨星，他们创作出了无数经典作品，对英国以至全球的时尚、生活方式和音乐产生了巨大的影响，成为一代青少年立志追随、崇拜的超级偶像。

50年代的社会青年吸收了“猫王”服饰中的摇滚元素。在接下来的10年里，男性纷纷效仿披头士乐队的穿着造型，他们留着与偶像类似的发型，穿着紧身西装以及立领上衣。60年代的女性也开始狂热效仿她们心中的流行与时尚偶像。詹妮斯·乔普林使用扎染面料和天鹅绒将嬉皮士造型个性化。法国歌后冯丝华·哈蒂非常欣赏“太空时代”系列的设计风格，著名设计师帕高·拉巴纳和安德烈·库雷热都曾为她设计过服装。

70年代迎来了绚丽的华丽摇滚时代，主要代表人物就是大卫·鲍伊，他为自己涂抹上浓重的彩妆，其代表作便是改变自我的“齐格·星尘”和“阿拉丁神灯”形象，不论是男人还是女人都会模仿他雌雄同体的时尚装扮。知名的滚石乐队主唱米克·贾格尔的妻子碧安卡·贾格尔也成了具有影响力的时尚偶像，贾格尔自己也非常热衷于艳丽的衣着。同时期的英国朋克摇滚乐队“性手枪”也公开作为设计师维维安·韦斯特伍德的服装“代言人”，来宣传韦斯特伍德伦敦店销售的朋克风格服装。

著名歌星麦当娜也许是20世纪80年代最重要的流行偶像，她穿着大胆的紧身胸衣和短裙，搭配渔网紧身袜和串珠作为点缀。让·保罗·高缇耶经常为她设计舞台服装。在2009年，作为路易·威登的代言人，她的性感形象也出现在各大宣传广告海报上。随着美国说唱团体“野兽男孩”的专辑《生病执照》的发行，街头时尚开始迅速风行。

来自西雅图的摇滚神话——涅槃乐队在90年代的成名，使垃圾摇滚形象开始流行。嫁给涅槃乐队主唱科特·柯本的女歌手柯妮·拉芙也成了潮流偶像，她以穿着设计大师范思哲的魅力裙装而出名。当流行天后玛丽亚·凯莉穿着被剪掉腰带部分的牛仔裤出现在人们面前时，引得数以百万的粉丝效仿。流行歌手格温·史蒂芬尼一直以性感、个性的形象闻名世界，她甚至在2003年开创了属于自己的高端时尚品牌L.A.M.B.。

莉萨·阿姆斯特朗曾写道：“现在时尚与音乐两种文化之间的关系，已经到了相互植入、互相影响的程度，以至于一些明星认为他们下一步的合理出路就是设计服装，从而将他们的创作天才发挥到极致。”如今，时尚与音乐这两个世界之间的关系从未如此水乳交融过。歌手蕾哈娜于2009年出现在古琦的广告宣传中；超级时尚狂热者Lady Gaga则十分乐于穿着一身肉色内衣，配上夹克与高跟鞋行走在大街上，而这也仅是她的众多出位造型之一。

20世纪90年代后期，嘻哈明星带动

起高调华丽流行风潮，如莉儿·金。众多嘻哈歌手也相继推出了个人时尚品牌，比较著名的包括：吉莫拉·李·西蒙斯的富贵猫（Baby Phat）、“吹牛老爹”肖恩·康姆斯的设计师品牌肖恩·约翰以及拉塞尔·西蒙创立的嘻哈品牌Phat Farm等。美国著名的蓝调音乐三人组合TLC的成员之一、“左眼”丽莎开启了穿着霓虹色系服装搭配棒球帽的潮流。而说唱饶舌二人组克里斯·克洛斯则鼓励他们的粉丝将衣服反穿。

现在，时尚界已经学会了如何随着音乐的节奏驾驭潮流。

右图：2008 年，时尚狂热分子 Lady Gaga 在舞台上表演。

下图：1982 年，歌星麦当娜在纽约拍摄的时尚片。

摩登派青年有着极简主义的内心追求。

摩登派青年给予了时装设计师玛丽·奎恩特设计灵感。从她1965年的照片可以看出，她将头发剪短，并穿着简洁的迷你裙。其形象也影响了我们现在所熟知的60年代的时尚。

给予20世纪60年代时尚灵感的亚文化群体

观念 62

摩登派青年

摩登派青年，也称“摩斯族”，是一个小型的亚文化群体，他们在成立之初可能从未想象过自己能对世界产生如此大的影响。摩斯族的男孩喜欢穿着笔挺的意大利西装，女孩则钟爱迷你短裙，他们都喜欢留着简洁的短发。他们独特的穿衣风格瞬间成为20世纪60年代早期最显著的个性时尚特征。

顶图：1976年，英国伦敦斯特里汉姆的摩斯族青年。

上图：1979年，菲尔·丹尼尔斯与莱斯莉·艾什出演电影《四重人格》。

在20世纪50年代，伦敦以及英格兰南部的时尚青年联合起来，纷纷将头发剪成犀利的法式短发，将自己的薪水积攒起来购买精心裁制的意大利式西装，他们骑着意大利的小型摩托车穿行在大街小巷。由于造型充满现代主义特征，因此他们的称呼——“摩登派”就此而生。对于他们来说，精心打造的时尚外表至关重要。男孩喜爱昂贵的西服套装、弗莱德·派瑞（Fred Perry）的衬衫和尖头皮鞋，女孩则钟爱能凸显身材的短裙和时髦的紧身长裤。摩斯族渴望消费，他们通常有能力赚钱并喜欢四处炫耀。作为战后的第一代年轻人，他们不仅有稳定的收入，同时也乐于为音乐、娱乐、交通工具以及服装等花销买单。

尽管摩斯族以喜欢用徽章装饰衣服、使用不同的个性化摩托车的特征名闻天下，但是最早的摩登派青年有着极简主义的内心追求。当他们穿着宽大的军绿色带帽的派克式风衣时，他们的主要目的是为了保护里面的昂贵西装，避免公路上的泥土溅到里面的西装上。

到了1962年，媒体开始报道摩斯族的时尚形象与生活方式：他们依靠一种药物——安非他命来彻夜狂欢，同时新一代的摩斯族也开始出现。但是到了1964年，“摩斯暴力”开始更多地出现在报纸头条，而非摩登时尚。因为作为摩斯族死对头的“摇滚骑士”（往往将黑色皮衣作为机车制服），常常与摩斯族青年在布莱顿和其他的英格兰南部海边城市发生冲突。这样的场面也被搬上了银幕，出现在1979年的电影《四重人格》中。

摩斯族的出现给予时尚设计师玛丽·奎恩特灵感，从而设计出迷你短裙。此外，发型设计师维达·沙宣也受到他们的启发，创造了他最具代表性的“五点式剪法”工艺。摩斯族钟爱的西服套装也开始大批量生产。当披头士乐队采用了摩斯族立领、紧身裤的西服套装造型之后，立刻使其风靡全球，进入主流时尚的舞台。然而，该时尚热度也迅速退去，尽管在20世纪70年代末曾刮起一股摩斯复兴的潮流风，但是到了1966年，大多数早期的摩登派青年已经长大成人、结婚生子，不再有着曾经的年少轻狂，转而被商业时尚所迷惑。但是，正如他们曾为玛丽·奎恩特带来灵感一样，摩斯族对时尚界的影响将一直存在。

1966年，女星凯瑟琳·德纳芙穿着由伊夫·圣·罗兰设计的“左岸”成衣系列。

从人行道到T型台

观念63

街头时尚的影响力

1960年，对于那些经常光顾迪奥品牌店的优雅淑女而言，当她们看到伊夫·圣·罗兰为迪奥品牌设计的“颓废系列”时，都会感到十分震惊。因为该系列的设计灵感来源于亚文化群体，包括街头机车族文化以及“垮掉的一代”。尽管设计师用鳄鱼皮和貂皮等奢侈面料来加以装饰，但人们依旧会问：我们为什么要花大价钱来购买街头时尚服饰呢？

1979年，由桑德拉·罗德斯设计的婚纱，这件服装吸取了朋克风的设计元素。

伊夫·圣·罗兰所精心设计的黑色皮夹克、高领套头衫和头盔式女帽标志着街头时尚与高端设计师之间密不可分关系的开始，这种共生关系将一直持续下去。

在此之前，一直是主流时尚在复制高端设计师所设定的潮流方向和作品理念。然而，这一次则相反，街头时尚对著名高端时装屋的设计方向产生了影响。当时，美国《时尚》杂志并不支持这样的做法，认为该系列仅为那些追求新鲜变化，且拥有女神般性感身材的年轻女士所设计。然而，这样的“跨界”举动为高端定制时装界敲响了警钟。在接下来的10年，迷你裙成了青年时尚的主流，而且越来越多的年轻设计师开始抵制有些乏味且墨守成规的高端定制服装。

1960年以后，亚文化和街头时尚继续不断地为高端定制带来影响。当圣罗兰在1961年开设了自己的时装屋后，他为顾客们设计极富存在感的“左岸”（Left Bank）品牌时装。此外，众多高端设计师也在不断地吸取亚文化和街头时尚设计的灵感，他们包括：玛丽·奎恩特，她的设计借鉴了摩斯族的时尚穿着；比尔·吉布，他的设计灵感取自嬉皮士的土耳其式长衫；桑德拉·罗德斯（Zandra Rhodes），她注意到朋克青年将安全别针用来装饰裙装等。在20世纪80年代，川久保玲与山本耀司都发现了朋克族与“光头党”的标志性穿着——马丁靴，并将其带入高端时尚的舞台，掀起了一阵对皮靴的狂热浪潮。到了90年代，设计师继续从亚文化运动中汲取灵感，演绎着各自不同风格的设计作品：马克·雅可布吸取“垃圾摇滚”的精髓，香奈儿涉足冲浪风，里法特·沃兹别克则借鉴了牙买加的异域元素。

国际著名设计师会定期派遣其团队到伦敦的市场中寻找设计灵感，如波托贝洛路市场和布里克巷市场等，从而将发现的街头时尚带入高端定制中。但是与早期迪奥拥趸的态度不同，现在不论是购买普通成衣还是高端定制的顾客，都已经非常乐于见到这样的跨界交流与合作。

2010年，纪梵希品牌春夏新品发布。欧普艺术的经典黑白条纹图案仍旧影响着现在的设计师。

对页上图：1966年，伊夫·圣·罗兰的大胆设计，两件裙装拼接在一起，构成了展示安迪·沃霍尔作品的画布。

对页下图：1991年，艺术大师安迪·沃霍尔的创作遗产继续在时尚界发光。图为名模纳奥米·坎贝尔身穿由设计大师范思哲创作的，特别向安迪·沃霍尔表达敬意的裙装。

上图：1999年，演员达丽尔·汉娜穿着裤袜拍摄时尚大片。

左图：20世纪70年代，英国著名丝袜品牌Pretty Polly的性感广告海报。

紧身裤袜使女性在穿着短裙或短裤时的行走方式发生转变，那些身体修长的女性可以充分秀出自己的身材。

1965 年，先锋设计师安德烈·库雷热以其全白色设计闻名，他的作品中包括可双面穿着的粉色与白色华达呢外套，里面搭配短裤的设计。

时尚的未来主义先锋

观念 67

太空时代

20世纪60年代中期，由于太空竞赛逐渐白热化，美国和苏联这两个超级大国都执迷于成为第一个拥有太空探索技术的国家。因此，时髦的年轻人开始关注并模仿宇航员们的穿着：平底白色的靴子、无袖的短裙、紧身连衣裤和太空头盔等。太空竞赛正进行得如火如荼，每个人都开始为美国国家航空航天局（NASA）而疯狂。

1964年，法国建筑工程师出身的设计师安德烈·库雷热推出了自己的“太空时代”系列作品。他将作品放置在一间纯白色、以镀铬装饰的展示厅内。他设计的服装以几何式剪裁，且非常沉重，与身体完全不贴合，通过这样的设计，服装被赋予了独立的生命。库雷热的设计并不能获得所有人的青睐，但是，他设计的白色靴子却成为那个时代标志性的配饰之一。《时尚》杂志曾提道：“谁能做到穿着带有2000年未来现代感的服饰出现在街头？”

设计师皮尔·卡丹紧随其后，在1967年推出了“宇宙服”设计系列，该系列主打带有腰带的无袖裙装以及为男士设计的拉链夹克。到了1970年，他甚至开始为美国国家航空航天局设计宇航员的太空服。而极富创新思想的设计师帕高·拉巴纳（Paco Rabanne）对服装的面料，甚至是皮革都并不满意，他大胆尝试使用塑料、金属等多种材料进行混合来制作时装。1966年，对于自己的高级定制时装系列，拉巴纳将其称为“12件不适合穿着的礼服”。此外，众多的设计师开始接受“太空时代风格”的设计，并不断尝试全新的设计材料，希望借此来表达他们每个人对未来服饰的独特想法。玛丽·奎恩特尝试聚氯乙烯材料；贝齐·约翰逊使用塑料大胆地制作连衣裙；而设计师皮尔·卡丹则使用自己发明的全新面料“卡丹尼”来制作那种硬邦邦、与身体不贴合的裙装，整个裙装的设计让人感觉是通过模具挤压出来，而并非缝制的效果。

太空时代的美学设计理念在20世纪60年代以后，依旧充满活力。日本设计师三宅一生在20世纪80年代尝试全新的材料和设计风格，他创新性地使用竹子、纸张以及塑料来制作服装，而护胸甲的设计则通过聚酯层压塑料来制作。到了90年代，海尔姆特·朗（Helmut Lang）则为直筒裙装饰了全息图以及反射条。当代英国设计师侯赛因·卡拉扬（Hussein Chalayan）一直在不断地挑战时尚与技术的极限。2007年，他推出一款混合了施华洛世奇水晶和LED技术制作而成的梦幻衣衫。而最饶有趣味的是，这款由人工面料制成的服装可以通过遥控器来控制改变造型。

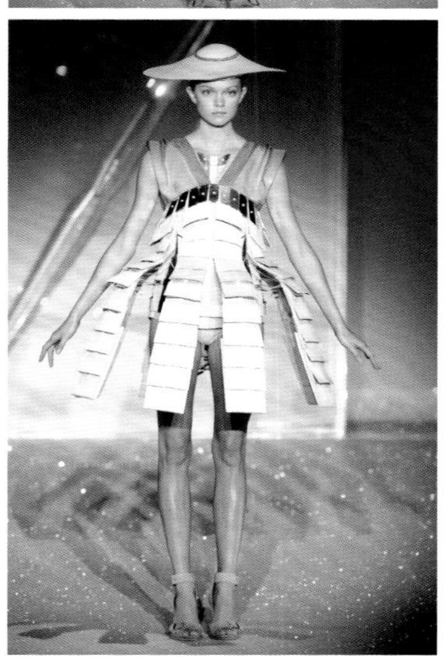

2007年，当代英国设计师侯赛因·卡拉扬春夏新品发布会上推出的前卫设计。充满未来主义特点的裙装可以在T型台上通过遥控器随意改变造型。上面两幅图片展现了同一款服装的不同形状，裙摆可以打开，且帽子的边沿也可伸展。

打破常规的“可怕三人组”

观念 68

原始照片

20世纪60年代，时尚摄影被来自伦敦的三位摄影师重新定义，他们是：大卫·贝利、布莱恩·达菲以及特伦斯·多诺文。在他们之前的时尚摄影一直为人们呈现出一幅高不可攀的、高档奢侈世界的景象。而这三位摄影师，凭借他们性感十足的纪实风格照片打破了当时时尚摄影的陈规。

他们的照片非常原始、真实，摄影师往往在高对比度的条件下，使用胶片拍摄，照片的风格受到了法国新浪潮电影的影响。他们镜头下的模特并不死板，也并非如假的人体模特那样摆出僵硬的姿势，而是十分真实，富有亲和力。此外，他们照片的拍摄背景也不再是优雅的客厅，这些出身工人阶级的叛逆摄影师更倾向于回到自己生活的地方，在伦敦破旧的东区拍摄，并且如纪实摄影一般努力还原肮脏的街道和工业区的原貌。

摄影师诺曼·帕金森（Norman Parkinson）为他们取名为“黑色三人组”，而《星期日泰晤士报》则因为他们打破常规的大胆行为，称呼他们为“可怕三人组”。贝利、达菲和多诺文虽是工人阶级出身，却一直引以为傲。他们桀骜不驯，与同样出身不高的前辈（塞西尔·比顿）有着完全不同的性格。尽管来自工人阶级家庭，却拥有着明星般的身份和地位，他们整日与时尚的演员、艺术家、音乐家混在一起。以贝利为例，他拍摄了伦敦东区黑帮著名人物雷吉·克雷（Reggie Kray）的婚礼，而他自己也先后与著名女星凯瑟琳·德纳芙和名模玛莉·海维恩结婚。

这三位摄影师并没有将模特视为展示最新潮流时尚的衣服架子，而是试图去捕捉每一个女孩的独特个性，以及人物与要展示的服装之间的关系。《泰晤士报》曾评论道：“贝利的风格很快激起《时尚》杂志中时尚部门的骚动，因为在60年代早期，其照片作品中的性暗示与当时盛行的紧绷、循规蹈矩的风格完全不符。”

贝利、达菲和多诺文叛逆却富有生气的作品反映了当时“摇摆伦敦”时代充满活力的新时尚景象，它们聚焦于青春与用户至上的消费主义。60年代以及之后的各大报刊，包括《时尚》和《Elle》杂志都争先恐后地购买这三位摄影师的作品。

顶图：1968年，一位模特穿着琼·阿金品牌的服装在伦敦街头与英国乐队Blossom Toes一起拍照。新时尚摄影展示的是随意的都市风。

上图：英国摄影师达菲正在为《时尚》杂志拍照。

直到现在，他们所拍摄的各种呈现放松姿态的照片仍出现在各大媒体。只是，与当时照片中的模特不同，现代的模特大部分会被塑造成机器人般完美无瑕的面容。

贝利、达菲和多诺文虽是工人阶级出身，却一直引以为傲。他们桀骜不驯，与同样出身不高的前辈有着完全不同的性格。

2009 年奥斯卡红毯上，电影明星埃文·蕾切尔·伍德展示她颈部的文身。

对页上图：2010 年，香奈儿春夏新品发布会上推出的临时文身。这些文身只会在身体上保留很短的时间。

对页下图：让·保罗·高缇耶 2009 年春夏新品发布会上展示的夸张文身。

身体艺术成为主流

观念 69

文　身

传统上，文身是水手以及罪犯身上特有的符号，且仅限于男性。直到20世纪末，文身才逐渐成为一种时尚的象征，并被女性所接受。

人类自古以来就喜欢装扮自己的身体。著名的冰人奥兹，生活在公元前3300年的史前时期，是1991年被人们发现的保存完好的天然木乃伊。在他的身上，科学家发现了50余处文身。英国国王爱德华七世在自己的手臂上文了一只耶路撒冷十字架，在英国王室贵族中掀起了一阵风潮。据说，英国首相温斯顿·丘吉尔的母亲伦道夫·丘吉尔夫人的手腕上曾文有一圈蛇的图案，由于这款文身从未在公众场合显露过，因此人们认为这也许只是谣传。

文身缩短了装饰性服装、珠宝以及化妆之间的距离，同时也为20世纪末女性的服饰增加了新元素。20世纪60年代的摇滚歌手是文身潮流的先驱，如琼·贝兹（Joan Baez）。詹妮斯·乔普林（Janis Joplin）在手腕上刻了文身，同时在胸部也装饰了一颗心形的文身图案。女性文身逐渐被大众接受，到了90年代，几乎每一位超级名模、演员以及20多岁的时尚女孩都会故意炫耀自己的文身。巴西名模吉赛尔·邦辰（Gisele Bündchen）在手腕文上了一颗星，而演员薇诺娜·赖德（Winona Ryder）则在小臂文上了精美的“S”形交叉的图案。

新型文身往往是单一颜色且不引人注意的，人们一般会文在手腕、脚踝或低腰的部位，这样做的好处是，在必要的时候，人们可以用衣服或首饰来遮挡文身。对于那些不愿意冒险，却希望尝试文身的人来说，可以试试十分流行的黏性文身或印度风情的“指甲花彩绘”，这样既能得到文身的装饰，也能免除痛苦，一举两得。

在时尚舞台，设计师让·保罗·高缇耶的1994年春夏新品发布会上，设计师将印有文身图案的雪纺服饰与模特身上的文身一同作为装饰。在2009年的设计系列里，高缇耶再一次选择了文身装饰。2004年，约翰·加利亚诺为克里斯汀·迪奥品牌设计了带有文身图案的长筒袜。很多人甚至会选择将知名品牌的符号文在身上，娜欧米·克莱因在她的作品《拒绝名牌》中写道：“不仅仅是一批耐克员工会在自己的小腿文上耐克的品牌标识，全北美的文身店均声称，耐克的商标是他们最受欢迎的图案。这是人体品牌吗？”2010年，香奈儿推出一组以相互连接的锁链为主题的文身贴。路易·威登在2011年紧随其后，推出其LV经典字母组合标识的文身贴纸。

而对于那些只想美化面部容貌的人来说，文身还能够在美容化妆领域展露拳脚。文身的颜色可以被永久地嵌入面部，因此它可以被用来加深眼线、美化唇色和唇形。做过这样美容的女性再也不用担心素颜出门了。

观念 70

针织连衣裙

现如今，“针织品”一词不再会让人联想起笨拙的套头衫和松垮的运动服。多亏了新生代设计师的出现，精纺细纱已经被运用在制作星光熠熠的红毯礼服、飘逸的土耳其式长衫，甚至是闪亮的比基尼上面。

1953年，夫妻档设计师泰·米索尼（Ottavio Missoni）与罗莎塔·米索尼（Rosita Missoni）一起建立了“米索尼成衣针织服装公司”，当时没人能够预料到他们将会给时尚产业带来巨大的影响。巨变发生于1962年，他们大胆地启用了一台之前只是用来制作围巾的编织机来制作服装，在当时，他们的这一举动十分令人费解。然而正是由此，米索尼夫妇俩利用人工混合天然的纱线制作出了精美的针织裙装。

米索尼设计的针织裙装色彩十分鲜艳，图案也多种多样，包括彩虹条纹、几何图形以及抽象的花朵图案等。其鲜亮、如绘画般色彩的选择吸引了来自全世界的买家，媒体也迅速为之疯狂。米索尼夫妇掀起了一股针织复古的风潮，而他们让模特在T台上不穿胸衣展示服装的大胆举动也引来一阵非议。《女装日报》评论说：“在那些受到艺术装饰风格影响的设计师中，米索尼是最罪恶的领军设计师之一。”

20世纪90年代，设计师朱利安·麦克唐纳德（Julien Macdonald）与莱尼·基欧（Lainey Keogh）将针织裙装设计进一步创新，在制作面料方面，他们混入奢侈的蛛丝和羽毛般轻量级的钩针织物。时装设计大师卡尔·拉格菲尔德（Karl Lagerfeld）在伦敦皇家艺术学院慧眼识珠，发现了年轻的麦克唐纳德所拥有的过人才华，于是邀请他为香奈儿品牌设计针织裙装，而当时的麦克唐纳德仅仅是一名在校的学生。毕业后，麦克唐纳德创建了自己的同名品牌，设计出精美的亮色针织晚礼服。英国版《时尚》杂志评论道：“似蛛网般精美，且轻似浮云，朱利安·麦克唐纳德的华美针织裙令人无法抗拒。”当体态丰满的英国模特凯莉·布鲁克（Kelly Brook）身着一身由麦克唐纳德设计的紧身粉色针织礼服裙（搭配粉色衬裤）出现在电影首映式的红毯上时，众多粉丝和“狗仔队”为之疯狂。

上图：2006年，米索尼春夏新品发布会，精美的针织裙配有褶皱的细节设计。

对页：1975年，一位身着米索尼品牌针织裙的模特斜靠在抱枕上。

正是由于这些设计师的努力，时装界对针织服装的看法被戏剧化地转变了。过去，人们会认为针织服装是廉价品，然而这些极富才华的设计师向世人证明针织服装也可以很华丽、精致且光彩照人。正如朱利安·麦克唐纳德对《Elle》杂志提到的：“我想向世人证明，针织服装设计师不仅仅只会设计套头衫。”

米索尼设计的针织裙装色彩十分鲜艳，图案也多种多样，包括彩虹条纹、几何图形以及抽象的花朵图案等。

上图：（从左至右）1966年，斯科特纸业公司推出米色、黑色和白色相结合的纸质裙装；1967年，短袖红色纸质裙装；1967年，“废纸篓”精品店设计的黑白波点纸质裙装；1967年，狄士堡公司制作的橘色、粉色以及紫色印花的纸质裙装，该裙装由键合型纤维素制成。

右图：1967年，蓝绿相间的纸质裙装。

由高密度聚乙烯合成纸制成的裙装和内衣成为20世纪60年代的时尚选择。

观念 71

一次性时尚

在“摇摆的60年代”时期，年轻人的潮流之一就是养成了时尚潮流迅速更换的习惯：他们购买最新潮的服装，穿过之后就将其丢弃。这样的做法与战争时期小心谨慎地囤积货物的生活原则完全相反，并带来一股强烈追求自由、进步，且将过去迅速抛在脑后的精神风潮。

20世纪60年代，廉价的人工面料服装生产急速增长。以纸质为面料制作的最新潮流服饰开始出现，只是这样的服装大都只能穿着很短的时间。1966年，斯科特纸业公司率先在美国推出第一款“纸质洋装”，并以其作为营销噱头进行销售。很快，由高密度聚乙烯合成纸制成的裙装和内衣成为20世纪60年代的时尚选择，纸质服装精品店也开始出现。狄士堡（Dispo）推出了带有迷幻效果的旋涡状印花的纸质服装，而桑德拉·罗德斯则开始为其高级客户设计纸质裙装。

甚至连艺术家和诗人都加入了设计纸质服装的行列：安迪·沃霍尔推出了一款印有其标志性作品《金宝汤罐头》的纸质裙装；诗人艾伦·金斯堡设计了一条印满其代表诗作的裙装。一件纸质裙装可以很方便地裁剪成各种长度，更令人惊奇的是，它十分耐用，可以在舞厅连续穿五个晚上。很快，就有人发明了防水的纸质比基尼和雨衣、纸质西服套装，甚至纸质婚纱礼服。

几十年之后，设计师侯赛因·卡拉扬曾在1993年自己毕业时的作品设计中尝试纸质服装。20世纪90年代，日本设计师三宅一生将褶皱的宣纸回收起来，并做了一系列精美的裙装。此外，海伦·斯道瑞在其2008年“仙境”系列时装中将一次性时尚进一步发挥，她设计出塑料裙装，原料是可生物降解的聚乙烯醇，遇水即立刻溶解。2007年，《每日电讯报》记者罗杰·海菲德写道：“这是一次性时尚的极致，是当今抛弃型社会的标志。它是世界上第一款可溶解的服装，更不用说它满足了众多男性的幻想。”

“仙境”系列作品由设计师海伦·斯道瑞与教授托尼·赖安一起合作完成。他们设计出一系列可“消失”的服装，每一件都是由可逐渐在水中溶解的面料制成。

当然，就一次性时尚而言，还有一些并不很美好的方面。当普里马克（Primark）、Zara、H&M以及Topshop等高街品牌以超低价格出售服装时，几乎每个人都买得起。而当潮流过后，人们便将其丢弃或回收换钱。这样导致的后果便是纺织垃圾的不断增长，以及每年无数吨被丢弃的服装在垃圾填埋场堆积成山。我们生存的星球可能将因为人类对超廉价服装的热爱而付出可怕的代价。

嬉皮士拒绝任何消费主义思想，讨厌诡计与欺骗，厌恶任何圆滑或优雅的事物。

1970 年，罗马一位年轻的嬉皮士。

时尚进入最佳状态

观念 74

放克文化

放克，源于美国黑人的俚语，原意是“闻起来有刺鼻气味的东西”，也特指人类的性行为。20世纪初期，“放克”主要代表了黑人放克音乐，其旋律柔和，采用切分音节奏，充满性暗示，放克艺人的独特穿衣风格也被他们的粉丝争相效仿。

詹姆丝·布朗（James Brown）被称为“灵魂乐教父”，是放克音乐的缔造者。20世纪60—70年代的美国黑人放克音乐歌曲中的重低音占据很大的比例，是灵魂乐、爵士乐以及节奏蓝调乐（R&B）的结合体。著名的放克音乐人包括：斯莱和斯通一家（Sly & the Family Stone）、布特斯·柯林斯（Bootsy Collins）以及乔治·克林顿（George Clinton）等。此外，放克文化也与激进的黑人政治联系在一起。

放克艺人时尚的根源来自美国的黑人贫民区，在那里，成功人士往往穿着艳丽的服装，以各自的方式来炫耀他们的财富，这一点与白人社会的价值观有所不同。放克族喜欢穿着喇叭裤，搭配紧身衬衫，头戴金链装饰的帽子，并佩戴夸张的金色首饰。他们的服饰的核心是围绕着“性”与“金钱”的。喇叭裤令人们关注到宽松的下摆面料，同时也会将人们的视线锁定在紧绷的裆部。汤姆·沃尔夫（Tom Wolfe）曾写道：“人们着迷于詹姆丝·布朗的穿衣方式，他喜欢起皱的衬衫，装扮很犀利，十分有个性。”

对于女孩来讲，放克风的装扮能够炫耀姣好、性感的身材，充满挑逗意味。她们喜欢穿着厚底高跟凉鞋，搭配紧身裙装或喇叭裤。由绸缎或金属丝制成的连衣裤，加上闪亮的妆容，在舞台上可造成轰动效应。蓬松的黑人头发式、性感的热裤、醒目的妆容加上夸张的首饰，使放克风的装扮更加完整。20世纪70年代早期，有关黑人题材的电影，如《铁杆神探》《超飞》，将当时的放克时尚永恒地记录下来，并将其介绍给更多的观众。

毋庸置疑，与白人相比，美国都市的黑人群体能够将放克风演绎得更加到位。“放克风尚”从黑人文化圈传播至白人世界，在纽约、洛杉矶、圣弗朗西斯科，乃至欧洲逐渐蔓延。只是，白人所接受的放克风装扮更加柔和一些，降低了色情和浮夸的成分。

上图：1974年，三度女子合唱团（The Three Degrees）穿着喇叭裤，留着蓬松的发型，展示她们的放克时尚。

下图：1974年，美国的舞者。照片中的女生穿着厚底高跟鞋和蓝色套装。

放克文化与迷幻运动一起成为激发大卫·鲍伊以及盖瑞·格里特（Gary Glitter）个性装扮灵感的源泉，他们在20世纪70年代末成为华丽摇滚的领军人物。

女星凯瑟琳·巴赫在电视剧《正义前锋》中出演戴茜·杜克一角，其穿着热裤的性感形象对人们的影响极深。此后，超短迷你牛仔裤也被通俗地称为“Daisy Dukes”。

观念 75

热　裤

“热裤”一词，在“灵魂乐教父”詹姆丝·布朗于1971年创作的歌曲中被永久记录下来，不过，它并不是什么新鲜事物。早在1930年的电影《蓝天使》中，女星玛琳·黛德丽就穿着热裤，扮演一名夜总会的歌女。这种设计大胆的短裤一直与歌舞表演和性诱惑等联系在一起，直到20世纪60年代晚期，它才被社会接受，出现在欧洲的大街上。

到1971年，热裤作为主流时尚传播到北美，与超短迷你裙一起，成为女性在沙滩之外所能穿着的最暴露的下装。

《女装日报》为这款再简单不过的短裤创造出“热裤”一词。它是20世纪60年代迷你裙的自然进化，人们总是希望其变得越来越短。60年代末，玛丽·奎恩特设计出热裤，安德烈·库雷热和克里斯汀·迪奥设计的迷你短裤也登上了巴黎的时尚T台。此后，热裤迅速成为主流的街头时尚，并出现了不同面料的设计：白天，人们会穿着皮质、牛仔布和羊毛面料的短裤；晚上，大家则纷纷选择天鹅绒和绸缎质地的短裤。在搭配方面，人们往往会穿着带有颜色的厚实紧身裤袜，配上中筒、低跟的摇摆靴或厚底楔形鞋。

得克萨斯州的西南航空公司甚至选择将热裤作为空中乘务员的制服。20世纪70年代，费城的棒球队“费城人队”雇用了一批穿着热裤的座位引导员在其体育场工作，她们被人们称为“热裤巡逻队”。1971年，穿着热裤竟然也能够参加英国皇家赛马会，进入女王出现的场合。要知道，该场合的着装规则十分严格讲究，但是只要你的整体搭配被认为是令人满意的，就可以进入。

到了80年代，女子嘻哈、饶舌三人组Salt-N-Pepa喜欢穿着短款飞行员夹克搭配热裤，她们通常还会佩戴夸张的大尺寸耳环，留着夸张的假指甲。此外，女星凯瑟琳·巴赫在电视剧《正义前锋》中出演戴茜·杜克（Daisy Duke）一角，其穿着热裤的性感形象对人们的影响极深。此后，超短迷你牛仔裤也被通俗地称为“Daisy Dukes”。10年后，热裤再一次流行，这恐怕要归功于热门动作电影和计算机游戏《古墓丽影》的主角劳拉·克劳馥（Lara Croft）。

但是，对于很多人来说，印象最深的经典形象应该属于性感歌后凯莉·米洛。在她2000年热门单曲《旋转》的音乐电视中，她所穿着的超短金色性感热裤使其完美的身材若隐若现，性感指数飙升。凭借这首单曲，她成功重返乐坛。

1973 年，大卫·鲍伊的“粉丝”炫耀她们穿着的性感热裤。

20世纪70年代，大卫·鲍伊的白色上装和配套靴子的装扮，霸气十足，占据舞台中央。

马克·波兰则尝试女性晚装，他选择镶有金色亮片，有金属感色泽的缎面制成的紧身礼服。

闪耀、浮华且充满魅力的男性时尚

观念 76

华丽摇滚

20世纪70年代，华丽摇滚的出现给男人装扮成女人以机会，他们四处炫耀自己鲜艳的服饰和羽毛装饰。这是20世纪中鲜有的时代，时尚开始挑战传统意义的“男子气概”，男人也可以像女人似的，穿着炫目的服装，涂上鲜艳的彩妆，脚踩高跟鞋了。

嬉皮士一直接受中性服饰，他们看起来有些忧郁悲观，并希望回归自然。然而，华丽摇滚的支持者却拒绝手工制品，并以装扮成夸张风格为乐，他们从科幻电影以及20世纪30年代的好莱坞电影中攫取灵感。

著名歌手大卫·鲍伊非凡的舞台装成为先锋代表，引领了华丽摇滚时尚风的爆发，他独特的穿衣风格在英国受到强烈追捧。此外，还有众多的歌手和乐队都开始尝试厚底高跟鞋、艳丽的彩妆以及极富戏剧性的舞台装，他们包括：恐龙王乐队主唱马克·波兰，以及Sweet乐队、洛克西音乐团、Slade乐队和格利特乐团等乐队。加里·格利特总是穿着厚底高跟鞋在舞台上演出。1969年，当滚石乐队主唱米克·贾格在海德公园演出时，他穿着一件束腰且有白色饰边的上衣，搭配皮质铆钉项圈，装扮十分出位。马克·波兰则尝试女性晚装，他选择镶有金色亮片，有金属感色泽的缎面制成的紧身礼服，最后搭配一条夸张的羽毛围巾，完成“歌舞女郎”的整体装扮。

变身为“齐格·星尘”的大卫·鲍伊，将头发染成明亮的颜色，他一直以其极致夸张怪异的舞台妆闻名。1973年，他的形象催生出一批忠实的追随者，甚至有人发明了“齐格克隆”这样的名词，男男女女穿着怪异的服装蜂拥至大卫·鲍伊演唱会现场，其中一些人甚至在白天也会穿着闪亮的、未来感十足的服装走在大街上。大卫·鲍伊在1972年接受《旋律制造者》杂志的访问时，曾大胆宣称自己是双性恋者。1973年，《音乐现场》写道：“鲍伊所有的形象，都体现出他对传统、底层工人阶级聚居城市的热爱，如格拉斯哥、利物浦、利兹，等等。在他最后一次的全国巡回演唱会中，不论男孩女孩、男人女人都将自己打扮成独特的‘鲍伊’形象出现。”

这些为华丽摇滚疯狂的孩子，其混淆男女性别的打扮为之后的朋克风以及新浪漫运动铺平了道路，他们的装扮技巧、彩妆以及雌雄同体的服装风格被传承下来。

顶图：1973年，马克·波兰在演唱会上穿着金色连体裤和白色夹克。

上图：1969年，滚石乐队主唱米克·贾格在海德公园演出时，穿着一件白色束腰且带有褶皱收口装饰的女士上装，搭配皮质铆钉项圈，装扮十分出位。

候司顿设计的女士长衫、宽松直筒连衣裙、衬衫裙、束腰上衣和宽腿裤，满足了现代女性对于优雅的所有渴求。

光滑、别致、优雅：全新的70年代简约主义风

观念77

低调奢华

20世纪70年代，独立女性渴望拥有一个简单、实用的衣橱，美国成为实现她们梦想的地方。在追求优雅、朴实设计的同时，设计师也会注意结合流畅的线条，对耐用面料进行精简裁剪和利用。

纽约已经发展成为一个令人兴奋的艺术中心，而美国也因其精密复杂的成衣系列而闻名世界，其设计风格既不同于巴黎的高级定制，也与大批量生产的高街时尚有所区别。美国的风尚是全新的、休闲且奢华的成衣设计。

美国的传奇设计师罗伊·候司顿·弗罗威克（Roy Halston Frowick），是一位地地道道的美国本土设计师。最初，他以为顾客定制帽子和头饰为生，之后在1966年，他推出了自己的成衣设计，将舒适与女性魅力完美结合，整体展现出休闲运动风。候司顿设计的女士长衫、宽松直筒连衣裙、衬衫裙、束腰上衣和宽腿裤，满足了现代女性对于优雅的所有渴求。《时尚》杂志主编格蕾丝·米拉贝拉在斯蒂芬·布鲁托所著的《候司顿》一书中阐释道：“候司顿的剪裁比例完美无缺。他的服装贴合女性躯体却不紧绷：支撑着身体的同时却保留着一种慵懒倦怠的美感。”

同时期的设计师杰弗里·比尼（Geoffrey Beene）继续低调的设计风格，保持服装设计吸引力的同时坚守着黑与白的优雅色调，并尽量将配饰减到最少。他以设计简洁大方的针织、法兰绒和羊毛套装闻名。此外，受到美式足球衫的启发，比尼设计出亮片裙装，并使用鲜亮颜色的长款拉链作为点缀。比尔·布拉斯（Bill Blass）是另一位美国时尚设计大师，以其带有饰边的裙装以及精细剪裁而出名，他的设计强调了微小细节的处理以及使用亮色面料进行点睛之笔装饰。设计兼营销天才拉尔夫·劳伦与凯文·克莱发现了奢华男女日常便服的商机，在之后的40年，他们开始建立属于自己的时尚帝国。

在大洋彼岸的伦敦，设计师简·缪尔（Jean Muir）同样坚持着简单的设计审美，创造出休闲却复杂的女装设计。她使用针织和小山羊皮制作出流线型套装、披肩以及抽绳收腰连衣裙。

这些新生代设计师的作品，证明了时尚也可以在拥有潮流与现代感的同时兼顾舒适与实用。

上图：候司顿品牌2009年的经典设计，柔和、优雅，看起来强势且现代，延续了其20世纪70年代以来的审美特点。

对页：这件由设计大师候司顿于1972年设计的裙装，将女性魅力与穿着的舒适度完美结合，最重要的是，这件裙装穿起来感觉毫不费力。

为有色女性鼓掌

观念 78

黑即美

直到1974年，人们才第一次看到黑人女性出现在美国《时尚》杂志的封面上。现在来看，这样的事实简直不可思议。那篇刊载黑人模特贝弗莉·约翰逊的杂志，标记着黑人女性在时尚历史上的一个关键点。

顶图：2008年，模特艾莉克·万克为速比涛组织的对抗疟疾世界游泳活动所拍摄的宣传海报。

上图：1974年，一位黑人女模首次登上了美国《时尚》杂志封面。她的名字叫作贝弗莉·约翰逊。

早在1966年，非洲裔美国人多尼亚尔·露娜（Donyale Luna）就出现在英国《时尚》杂志的封面上。只是直到10年之后，西方时尚产业才真正接受黑人女模。

芭芭拉·桑莫斯在她1988年完成的《黑与美：有色女性如何改变时尚界》一书中曾写道："如果说20世纪60年代的政治抗议迫使美国人不得不张开双眼来面对黑人的存在与他们与生俱来的多种多样的美这一不可争辩的事实，那么，70年代彻底坚定了这样的观点和事实。"最初，在时尚界，成为有影响力的首批有色女模包括：莫尼亚·奥菏泽美茵（Mounia Orhozemane）、贝弗莉·约翰逊（Beverly Johnson）以及乌干达公主伊丽莎白·托罗（Princess Elizabeth of Toro）。伊曼（Iman）——一名索马里外交官的女儿，于1976年通过《时尚》杂志开始了自己的模特事业，并成为当时收入最高的模特之一。

20世纪70年代，正值西方时尚界开启全球化的时代，时尚设计师也尝试着将不同文化的元素加入自己的设计作品之中，因此，人们对于起用非白人模特的愿望越发热烈。在80年代，设计大师詹尼·范思哲与伊夫·圣·罗兰均使用各种肤色的模特来推广自己的作品。零售商贝纳通（Benetton）则更进一步，故意挑选范围更广、更多不同肤色的年轻模特为产品代言。到了90年代，黑人女模纳奥米·坎贝尔跨入超模中的精英行列，成为全世界家喻户晓的明星。

然而，事实上，对于那些在时尚界工作的人来说，对有色人种的歧视和不公平对待一直存在。2008年，意大利版《时尚》杂志为了抗议业内对有色人种的歧视，特别制作了7月特刊，其内容全部都是关于黑人女性的，并专门雇用黑人模特来拍摄所有的时尚大片。这样的惊人之举无疑说明了当时的时尚界虽然拥有一切，却始终存在着对有色人种的不公正对待。2008年，时尚摄影大师史蒂文·梅塞曾对《纽约时报》的记者说："我总要对我的广告客户询问很多次：'我们能否用一位黑人女孩？'他们的回答永远是'不'。"纳奥米·坎贝尔接受《魅力》杂志的采访时说："美国的总统可以是黑人，但作为一名黑人女性，在这个行业里我仍旧是特例。"在2009年，她再次说道："过去，黑人模特可能有更多的工作机会，但现在的时尚潮流，对于金发女郎的追捧，已经再一次走向极端。在杂志上、T台上，那些金发碧眼的模特总是随处可见。"

1990 年，英国超模纳奥米·坎贝尔拍摄的时尚大片。

2008年，意大利版《时尚》杂志为了抗议业内对有色人种的歧视，特别制作了7月特刊，其内容全部都是关于黑人女性的，并专门雇用黑人模特来拍摄所有的时尚大片。

1974年，美国洛杉矶，著名时装设计师鲁迪·吉恩里希设计的男女通用的丁字泳装系列。

观念 79

丁字裤

英语中，“丁字裤”（thong）一词来源于古英语中的“thwong”，本义是指有弹性的皮质细绳。这些简单的男性“缠腰布”是最早的服装形式之一。而现代的丁字裤却成了女性的主要服饰之一，并在20世纪作为沙滩装和内衣被女性所接受。

带有妇女解放意味且刺激性感的丁字裤，是在20世纪70年代由著名时装设计师鲁迪·吉恩里希设计的，当时他推出了男女通用的丁字泳装设计系列。因为曾经做过舞者，因此吉恩里希从自己的经历中获得了设计灵感，他将舞者的弹性紧身衣和紧身裤与简练的包豪斯功能主义理念结合起来，融入自己的设计之中。

巴西女性是首批接受丁字裤比基尼作为泳装的人群之一，在里约热内卢，非常细的丁字裤被称作“fio dental”，即“牙线”的意思。直到20世纪90年代，在美国和欧洲的沙滩上，丁字裤才逐渐被人们接受。

20世纪80年代，在内衣市场上的丁字紧身裤面料被设计在腰部和双臀之间，这一独特结构能够做到消除可见的内裤线。之后的10年内，低腰裤以及包臀牛仔裤逐渐进入时尚界，丁字裤的腰部将不可避免地露在外面。而这却迅速成为流行时尚，丁字裤也被设计成不同类型，有羽毛的、带串珠的以及镶有人造钻石的，等等，目的就是为了更好地展示丁字裤风情。

由于丁字裤独特的设计，女性的大部分性感臀部都展露无遗。2010年，《时尚》杂志曾宣称：“丁字裤已经消亡。”但是在里约热内卢的沙滩上，这一论调注定将被无视。

在沙滩上，丁字裤最适合那些身材姣好且拥有全身完美古铜色肌肤的女性穿着。

性、铆钉与安全别针

观念 80

朋　克

20世纪70年代，当朋克风第一次在街头爆发时，人们对于这些叛逆青年的外貌感到吃惊不已。这些画着浓妆，穿着破烂衣服，举着无礼标语的孩子究竟是谁？

朋克文化存在的时间意外地短暂，但是它对社会却有着重要的影响，尤其是英国。之后该文化逐渐蔓延至纽约、悉尼以及全世界。20世纪70年代的英国，经济十分混乱，失业率居高不下，许多年轻人对生活感到厌倦，面对现实常常焦虑不安。英国的朋克运动主要产生于那些愤怒青年的抗议活动。1976年夏天，伦敦的艺术生和一群失业的年轻人开始在切尔西地区的国王路一带活动，他们经常聚集在一家名为“SEX”的时装店中，这家店是由马尔科姆·麦克拉伦和他的设计师女友维维安·韦斯特伍德一起经营的，主要售卖一些具有色情意味的服装、束缚裤、造型夸张的耳环，以及印有过激标语并被故意撕破的T恤衫等。

麦克拉伦与韦斯特伍德在恰当的时间，十分精明地掌握了这些愤怒青年的心理。1976年，麦克拉伦成立了一个名为“性手枪”的朋克摇滚乐队，韦斯特伍德成了他们的专属造型师。凭借令人震惊的演出、充满攻击性的歌词以及其标新立异的服饰，这个乐队迅速登上报纸头条，成为喧闹、不满且愤怒的都市青年们的领军人物。因此，麦克拉伦与韦斯特伍德成为英国朋克运动强大的推动力，将音乐与时尚完美地结合起来。

朋克族喜欢穿着皮革、橡胶以及聚氯乙烯面料的服饰。他们的服装常常出现各种破洞、开口、涂鸦，并镶有铆钉、安全别针和锁链等；头发往往被染成鲜艳的、非自然的颜色，并弄成尖尖的造型或个性的莫西干发型。面部穿孔在朋克族群中也十分普遍，产生令人震惊的整体效果是他们极为重要的追求。

以独立的音乐运动形式出现的朋克风，在美国和英国风靡后，迅速席卷整个欧洲。只是好景不长。1979年，“性手枪”乐队被迫解散，他们的主唱席德·维瑟斯（Sid Vicious）死于过量吸食海洛因；朋克运动的先锋设计师韦斯特伍德也转向设计新浪漫风格的服装。

1981年，伦敦的朋克青年。夸张的面部妆容以及个性化皮夹克都是朋克风装扮的重要部分。

尽管朋克运动十分短暂，但它却为人类社会留下了不可忽视的影响——朋克运动表明时尚能够挑战人们对待性别与美的传统模式化观念。此外，朋克运动再一次使伦敦成为世界时尚创新中心，它为后来出现的无数朋克时尚复古风铺平了道路。

朋克运动表明时尚能够挑战人们对待性别与美的传统模式化观念。

1976 年，朋克运动的先锋青年在国王路上的 SEX 时装店拍照留念，其中包括克莉西·海恩德和维维安·韦斯特伍德。

CAD、CAM 和 3D 扫描

观念 81
计算机技术

现代生活如果没有了计算机，将是不可想象的，而计算机本身对时尚界也有着极其重要的影响。从一件服装的面料设计，到制造、营销和销售都离不开计算机技术。计算机辅助设计（CAD）和计算机辅助制造（CAM）已经成为时尚产业至关重要的工具。

然而，时尚界学会使用计算机技术的过程比较迟缓。直到20世纪70年代初期，CAD和CAM才逐渐被商业化采用，主要用于自动化图案剪裁和服装尺寸分级处理，从而将面料浪费率降到最低，之后才出现了完全由计算机控制的编织和纺织机械。

到了80年代，设计师开始使用计算机，将其作为设计创新过程中的一部分，由于计算机可以十分迅速且高效地重复创造不同配色方案的印花或图案，因此设计师主要将其用于修改面料图案。从那时起，时尚业开始将计算机技术应用于整体的设计制作流程以及大批量生产过程之中，尤其在制作大量廉价服装时尤为重要。新技术将交货时间提前并提升了整体产品的质量，因此，全新的服装能够更加迅速地进入高街时装店，与之前几个月才更换新品相比，现在只要几周时间，时尚潮流就可以更新换代。

凯文·克莱、贾斯珀·康兰以及古斯特等设计师最早尝试使用CAD进行设计创作，尽管当时的高端时尚设计师更倾向于将该技术用于印花而非服装设计。然而，世事随着全新一批设计师的出现而发生了改变。这些设计师从小在计算机的陪伴下长大，因此不会将这些全新的科技视作毫无灵魂或不真实的事物。1999年，汤姆·福特曾在《女装日报》上预言：“我们正处于事事都在发生戏剧性变化的边缘。一切都将和科技相关，其中包括计算机、视频会议等。我们将生活在一个更加生动的世界之中。未来的时尚将是在电脑屏幕上绘制的图案。”

1999年，李维斯在他们的实体店中安装了3D身体扫描仪。这些仪器可以为顾客进行全身扫描，并将收集的数据转成3D图像，为顾客提供符合其自身体形的服装款式。这是否就是未来大众市场时装的雏形呢？此外，计算机还能够用来展示服装。1998年，一件由蒂埃里·穆勒设计的裙装就出现在3D模拟的动画T台上。他用虚拟模特让观众通过屏幕来欣赏他的设计。

如果没有了商店和生动的时装秀，未来的时装设计可能会变得枯燥无趣，但是新科技为现实提供了令人兴奋的全新选择，从而吸引人们去尝试。

2007年，塔吉特（Target）品牌使用数字化全息摄影技术展示的虚拟时装秀。

超模吉赛尔·邦辰（Gisele Bündchen）为凯文·克莱内衣拍摄广告海报。

嘻哈风尚占据中心舞台

观念 84

嘻 哈

20世纪80年代，纽约南部的布朗克斯地区，在非裔美国人、加勒比裔美国人和拉丁美洲人中间兴起了一种充满活力的街头文化。该文化以霹雳舞、饶舌音乐和涂鸦艺术为主，并迅速从美国传播到欧洲。因此，嘻哈成了主宰20世纪80年代亚文化运动的领军者。

1987年，女子嘻哈、饶舌三人组Salt-N-Pepa的粗大金色项链和紧身连体服的装扮极好地诠释了嘻哈时尚。

嘻哈青年往往被称为flygirls和B-boys，对于他们而言，运动鞋就是他们的生命。1986年，美国传奇嘻哈乐队Run-DMC通过他们的单曲《我的阿迪达斯》对运动鞋表达敬意。他们在穿着运动鞋时从来不系鞋带，这样做的目的是效仿监狱中囚犯的风格，因为囚犯必须将鞋带上交。

最初，女孩的穿着与男生相同，都是一水的松垮运动服、运动鞋，头戴运动帽，并佩戴夸张的金色首饰。不过，不久之后，女生找到了自己的穿衣风格，以女子嘻哈、饶舌三人组Salt-N-Pepa和洛克斯·那萨丁为代表。尽管不论在夏天还是舞台上，紧身亮色针织迷你裙和热裤看起来更加性感迷人，但她们还是会穿着飞行员夹克搭配紧身打底裤，佩戴超大金色耳环和刻有名牌的腰带。对于嘻哈青年来说，最受欢迎的运动鞋品牌是阿迪达斯、彪马和耐克，内衣品牌则是凯文·克莱。一些饶舌明星一直致力于宣传围绕非洲文化为中心的服饰，如带有非洲风情的配饰以及以非裔美国人旗帜上的红、绿、黑三色为主的服装等，并将这些元素融入运动服之中，如奎恩·拉提法（Queen Latifah）。

设计师迅速把握住这股流行风尚。20世纪80年代末，设计师艾萨克·麦兹拉西（Isaac Mizrahi）推出了嘻哈风的设计系列，包括黑色紧身连体服和用毛皮镶边的黑色飞行员夹克，搭配粗款金色项链和腰带等。香奈儿也被嘻哈风潮所折服，为黑色裙装搭配了大号银色挂锁型项链；天生顽皮乐团的主唱崔驰选择佩戴了香奈儿的这款项链（据说，他这样做的目的是为了向自己狱中的兄弟表示敬意）。

嘻哈青年对于设计师品牌同样向往，如古琦、汤米·希尔费格和香奈儿等。当1994年，说唱歌手史努比·狗狗（Snoop Doggy Dogg）穿着一件超大希尔费格品牌的运动衫出现在《周六夜现场》节目后，纽约地区该运动衫的销量激增，并被迅速抢购一空。20世纪90年代，女性嘻哈明星如莉儿金和弗克茜·布朗开始推崇超迷人的高级时装，而包括富贵猫在内的新生品牌也迅速出现，以迎合人们的需求。90年代后，众多嘻哈明星开始利用自己的时尚灵感与品位，试图从其追随者的口袋中赚钱，纷纷建立起个人专属时尚品牌，把他们在舞台上的时尚装扮推广到日常生活之中，这些明星包括“吹牛老爹”肖恩·康姆斯、耐利、Jay-Z、50美分乐团等。

嘻哈明星米西·艾略特为阿迪达斯2007
春夏新品拍摄宣传海报。

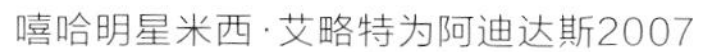

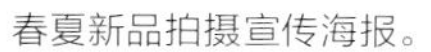

1996 年，天生顽皮乐团的主唱崔驰在汤米·希尔费格的时装秀场上表演。

露出服装的价签甚至也成了一种身份的象征。

观念 85

品牌文化和商标崇拜

20世纪80年代，一种全新的雅皮文化出现，它崇尚努力工作、尽情享乐，之后将所有精力挥洒在健身房中。这是一个万事都追求“大”的时代——夸张的发型、巨大的胸部、大笔的开销、大号的珠宝首饰以及宽大的肩膀等。而且，被人看到大手笔花钱也被人们认为是时尚的行为。

左图：炫耀品牌商标成为身份的象征。

上图：2004年，前电视明星丹妮拉·韦斯特布洛克在伦敦邦德街被拍到她及家人穿戴及使用全套的巴宝莉品牌行头。

这也是各大时装公司花费巨资营销的时代，他们都试图通过昂贵的广告营销将自己的品牌档次提升，以此来赚取利润。各大公司销售的主要是品牌形象，而非简简单单的实际产品本身，而消费者们也乐于被这些宣传“牵着鼻子走”。

随着浮夸风的流行，将自己喜欢的品牌商标穿在身上成为时尚。你可以将其戴在手腕处、腰带上或者胸前——比如低调的拉尔夫·劳伦polo衫；香奈儿的双C标志；范思哲、莫斯奇诺和迪奥的设计师商标等。在体育和休闲装中，最出名的商标就是耐克的“对勾”和阿迪达斯的经典“三道杠”。如果你负担不起从头到脚的名牌装备，那么可以选择配饰来装扮自己，如一只路易·威登的手袋、一款劳力士腕表、一条莫斯奇诺的腰带或者一副香奈儿的太阳镜。在街头，露出服装的价签甚至也成了一种身份的象征。

商标在我们的生活中已经存在了几十年。乔治·威登早在20世纪初就将路易·威登姓名的缩写配合花朵图案印制在他们品牌的行李箱上。20世纪20年代，设计师让·巴杜将交织字母图案印制在针织衫上。而众多设计师都是品牌建设的专家，如可可·香奈儿、克里斯汀·迪奥、皮尔·卡丹、伊夫·圣·罗兰，以及后来的拉尔夫·劳伦与凯文·克莱等。到了80年代，秀出你所穿着服饰的品牌已经变得至关重要。娜欧米·克莱因在她所撰写的《拒绝名牌》中写道：“慢慢地，品牌商标从浮夸的做作标志转变为活跃的时尚配饰。更重要的是，商标本身的尺寸也在不断增长，从一个2厘米左右大小的徽章逐渐变成胸部大小的标牌。”

20世纪90年代，部分奢侈品品牌进行大手笔市场营销活动，却收到了事与愿违的效果。大街上的普通人穿着带有如巴宝莉品牌商标或徽章的服装和配饰，却与休闲的高街品牌服装搭配。这样的做法直接损坏了奢侈品品牌的形象。更多的商标开始出现，而“营销机器”不得不更加努力地运作，以此确保新设计师服装的销售，让这些新品看起来尽管价格昂贵，但是简洁又实用。

如今的消费者对商品的要求更高，也更加精明，不再执着于购买某一品牌的产品。即便价格昂贵，他们也要寻找那些个性化十足且物有所值的商品，如一只限量版手袋或者一件经典的全球仅此一件的单品等。那些由知名时尚品牌推出的（配有低调品牌标识）服饰或配件仍旧受到人们的追捧，但是如果能够拥有一件稀有的或很难买到的单品更是时尚人士的向往，因为只有那些真正的行家里手才能分辨出你手中的是否是珍藏限量版。

从双肩背包到腰包

观念 86

实用型背包

1985年，设计师缪西娅·普拉达（Miuccia Prada）初步设计出一款不带任何商标的黑色尼龙帆布背包，为当时追求炫耀设计师品牌的时尚界提供了另一种选择。这样个性鲜明、设计简洁且与普通皮质背带完美契合的背包，其设计灵感来源于运动装和军装配件。当最终普拉达决定为皮包添加商标设计时，也十分低调：仅使用了一个简单的三角形金属标牌。

2010年，路易·威登春夏新品发布，棕色帆布背包配以米黄色皮革线条装饰。

由此，人们开始对以工业面料制作奢侈品这样的想法产生兴趣，而双肩背包也迅速成为众多都市女性的首选。它非常实用且时尚，同时在乘坐公共交通以及购物时，能够解放双手。逐渐地，其他品牌也悄然跟进，简洁实用型的背包成为都市女性的必备品之一。古琦的双肩背包由赤陶色麂皮制成；唐娜·凯伦的设计是带扣的白色欧式名流风格；路易·威登则推出带有交织字母图案印花的威登帆布包。

20世纪90年代的服饰大都将具有提包功能的口袋设计在服饰外面，为解放双手提供了合理的设计。J型背包采用一条背带和不对称线条的设计，令其悬挂在胸前。香奈儿设计出带有棉絮夹层面料、系在腰带上的腰包。此外，也有如YAK PAK品牌设计的邮差包、腰包挂包、臂包和随身包等。

除皮革之外，设计师开始选择尼龙或聚酯纤维等现代面料，搭配运动装的防水外层设计背包。双肩背包开始变得更加扁平，如衣服一般更加贴合身体。时尚的风衣、战服裤加上受到军装启发而设计出的背包成为街头的流行时尚，如枪型单肩包。一只白色扁平的海尔姆特·朗斜挎包，与腰部和大腿紧密贴合，犹如一个可随意拆卸的口袋。设计师将纯粹的实用性放在第一位，公开拒绝任何优雅的想法主张。背包的背带毫不妥协地设计在人体背部或腰部的位置，这样的背包所追求的只有实用性，而非女性化。

20世纪80年代风行的腰包再次成为2010年度的时尚宠儿。

1992年，三宅一生设计的“飞碟”系列作品，以聚酯纤维面料制作而成的竖条纹连衣裙。

设计师也对女性身体曲线进行了重新定义。

面料驱动时尚

观念 87

日本设计

1994年，巴黎，三宅一生春夏新品发布会，这件黑色裙装展现了他的设计天赋。

20世纪80年代，当日本设计师来到法国巴黎时，他们无视所有当时西方社会对时尚的固有观念和设想，将来自日本的面料、设计和剪裁理念直接引入。这些设计师凭借自己全新的审美观念撼动了整个时尚界。

到20世纪80年代，著名设计大师高田贤三与山本宽斋就已经在巴黎崭露头角。之后，日本设计师山本耀司和三宅一生也加入到他们的队伍中来，此外，还包括川久保玲与她自己的设计师品牌“像小男孩一样”。

在新面料的运用和服装结构设计方面，设计师三宅一生使用了西方社会从未见过的设计手法设计出由褶皱人造面料与金属丝线制成的女士束腰上衣和女士长袍；由聚氨酯（即PU面料）泡沫薄片制成的帽子；与其说是服装，不如说更像旧时那些令人怀念的降落伞式样的风衣；将女性躯体以某种材质面料缠绕塑形的衣物，等等。他的作品往往脱离人体躯干，而不是贴合在身体表面、展现人体自然线条的服装。

川久保玲将“概念时尚”发挥到极致，她将服装结构解体，从而设计出全新的令人惊讶的作品。她为针织衫添加了孔洞的设计，又于1996年推出了一系列奇异怪诞的设计作品——她在面料里面填充棉花，使服装鼓鼓囊囊得就像不受约束的凸出的肉体一般。此外，川久保玲与山本耀司合作，一同开创了全黑色都市工作制服设计系列，现如今我们可以在很多城市的大街上看到这样的服饰。

山本耀司是极简主义设计的创立之父，同时也是剪裁大师。不同于传统的根据身体曲线缝合、设计服装，他使用多层与大量的面料进行剪裁设计，令其宽松地包裹住身体。这样的设计手法对于西方世界来讲是非常新奇独特的，三宅一生曾解释说：“西方服装的剪裁由身体决定，而日本服装设计的剪裁则由面料决定。”

此外，这些设计师也对女性身体曲线进行了重新定义，服装可以将自身的形态附加于身体之上，塑造出新的身体曲线。但是对于一位女性来讲，如果要穿上这些轻柔的日式设计服装，需要很大的自信与勇气，因为她们将牺牲展现女性自己经过自律努力而得到的曼妙身材曲线的机会。

全新的都市服装

观念 88

街头装

在时尚界，“街头装”并不仅仅如字面意思上所讲的“街头上人们穿着的服装”那么简单。它是指兴起于20世纪80年代美国纽约的都市青年的运动和穿衣方式。这种街头时尚融汇了加利福尼亚滑板与冲浪文化、嘻哈、朋克与牙买加的塔法里教穿衣风格等元素，所以整体装扮看起来非常都市、运动且实用。

20世纪80年代，思达西品牌的广告海报，其宽松、休闲的街头装受到了加利福尼亚冲浪文化的影响。

1986年，当纽约白人说唱团体“野兽男孩”凭借嘻哈专辑《生病执照》而大红大紫时，他们脚踩运动鞋，身穿帽衫和品牌T恤的都市街头形象深入人心。他们把大众牌汽车的车标拔下，将其当作项链挂在脖子上——很自然，“粉丝”开始纷纷效仿，只是这样的举动必然会使得那些毫无防备的大众牌汽车车主十分恼怒。

街头装没有日常装和晚装的区分，不论是在白天的大街上还是晚上的夜店里面，永远都是松垮的长裤、运动鞋、宽大T恤和休闲夹克的搭配。它改变了时尚，街头装所创造的全新都市潮流迅速传遍整个美国，并逐渐拓展至日本和欧洲。在20世纪八九十年代，街头装迅速催生出众多全新的服装品牌，如SSUR、纽约的斯泰伯设计和ONETrueSaxon等。

2010年，斯泰伯品牌的春夏新品设计，带帽子的格子衬衫。

街头装出现的时机十分得宜。都市青年们认为，来自巴黎的设计师品牌服装已经变得沉闷乏味且价格过高，这就为那些新锐的休闲街头服装品牌带来了商机。他们提供的服装看起来更加嬉皮且富有青春活力，相比之下，价格又更加实惠。此外，这种服装还拥有一种十分诱人的地下时尚风情。这样的服饰对于那些自认为与时装秀和奢侈高档的设计师精品店格格不入的人群充满吸引力。他们尊重那些白手起家（往往只是从销售T恤做起）却颇受人们欢迎的小生意者，因为这些人与他们有着共同的兴趣，往往在音乐、艺术或朋克、嘻哈、涂鸦、冲浪或滑板运动方面有共同语言。

埃里克·布努内蒂（Erik Brunetti）于20世纪90年代创立了自己的FUCT品牌，此前，他一直以涂鸦艺术和滑板艺术设计为生。而藤原浩则是最具影响力的街头时尚设计师之一，他曾经做过DJ和音乐制作人，其作品深受朋克文化的影响。美国品牌X Large的设计师曾经是建筑师。另一位受人尊敬的街头先锋设计师肖恩·思达西（Shawn Stussy）曾经是加利福尼亚的一名冲浪爱好者。在20世纪80年代，冲浪运动非常盛行，他将自己的名字以涂鸦艺术的形式印刷在T恤上，并将其与冲浪板一起售卖。如今，思达西已经成为非常成功的都市街头服装品牌，集滑冰装备、工装和军需用品的风格于一体。人们相信，街头时尚的文化将一直存在下去。

1992年，街头时尚的忠实拥趸“野兽男孩”在国会唱片公司前合影。

这样的服饰对于那些自认为与时装秀和奢侈高档的设计师精品店格格不入的人群充满吸引力。

2007年，一位伦敦的新锐舞青年随着音乐舞动，她佩戴着标志锐舞运动起源的笑脸图案和亮色配饰。

那些精力充沛的锐舞派对“动物”会选择彩色宽松牛仔裤和帽衫，搭配运动鞋和亮色帽子的穿着。

笑脸文化的力量

观念 89

锐 舞

锐舞现象于20世纪80年代出现在英国和美国地区，舞曲以迷幻浩室音乐和现代电子乐为主，同时锐舞运动也创立了属于自己的时尚和文化。不同寻常的是，锐舞运动将不同背景的青年聚集到一起，他们都热衷于音乐、派对以及“药丸”，尤其是迷幻剂。

20世纪80年代，作为美国芝加哥夜总会的一部分，浩室和迷幻浩室音乐逐渐发展起来，于是，DJ运用电子合成定序仪器制作音乐。这股风潮迅速传播到其他地区，如美国的纽约和底特律，并逐渐拓展至澳大利亚和欧洲，尤其在英国受到了极大的欢迎。1985年夏天，一群伦敦的DJ在西班牙度假胜地伊比沙岛接触了早期浩室音乐以及迷幻剂，并深受吸引和启发。回到英国之后，他们在伦敦开办了Shoom与Project Club等夜总会，将伊比沙岛的热情继续延续下去。而在曼彻斯特，哈仙达岗夜总会开始在深夜播放迷幻浩室音乐。

随着锐舞运动在英国逐渐蔓延，出现了更多的夜总会，而非法派对也开始在仓库中悄然盛行。20世纪80年代末到90年代初，办公大楼、机场飞机机库、夜总会、停车场，甚至一片空地都能够成为非法锐舞派对的举办场所，并吸引了上千名年轻的锐舞迷，他们吸食迷幻剂，并跟随快节奏、不断重复的音乐狂舞。派对的举办场所信息一般直到派对当天晚上才会被公开，想要参加派对的锐舞迷需要拨打一个特殊的号码才能知晓场地在哪里。大型的派对往往持续整个周末，与60年代盛行的嬉皮狂欢节类似，只是少了一些自由性爱，多了许多狂舞。因此，1988年也被称为第二个“爱之夏”。

那些精力充沛的锐舞派对“动物”会选择彩色宽松牛仔裤和帽衫，搭配运动鞋和亮色帽子的穿着，每个人都会佩戴一个在舞池中必备的口哨。T恤和上衣印有迷幻色彩的图案。而锐舞运动的标志象征也被设定为一张黄色的笑脸，并出现在人们的T恤上，或被制成徽章和饰物。随着新时代漂泊者的加入，夸张的长发绺、人体穿孔以及战服裤和亮色T恤的搭配成为这批新的“漂泊锐舞者”的统一标志服装。

顶图：1995年，英国格拉斯顿伯里狂欢节的草地上，正在享受音乐的锐舞舞者。

上图：1988年，伦敦Shoom夜总会，一位微笑着的锐舞青年。

1994年，英国刑事司法与公共秩序法将未经许可的户外音乐活动强制取缔，因此锐舞精神和文化在英国的影响力逐渐降低。但是，在2006年，锐舞时尚重新回归，成为新锐舞运动。人们穿着印有笑脸标志的运动休闲亮色或荧光色系街头装。此外，众多设计师也将锐舞元素设计搬上时尚T台，其中包括加勒斯·普（Gareth Pugh）、克里斯托弗·凯恩（Christopher Kane）和凯伦·沃克（Karen Walker）等。

惊世骇俗的营销策略

观念 90

贝纳通的广告宣传

一位修女亲吻牧师，白人婴孩吸吮黑人女子的乳房，尚未剪掉脐带、血迹斑斑的初生婴儿——这些极富争议性却获奖无数的广告作品均出自创意大师奥里维埃洛·托斯卡尼之手。1982—2000年，他天才般地为贝纳通品牌策划了多个成功的服装宣传广告。

1992年，托斯卡尼将贝纳通广告主题与当年奥林匹克运动会联系起来，创作出彩色安全套的广告海报。

托斯卡尼是宣传大师，其饱受争议的作品促进了贝纳通品牌服装的销量。1984年，他拍摄了一组不同种族和肤色的模特穿着贝纳通服装的广告片，主题是“世界的所有色彩”，这样的广告宣传在当时是非常大胆的举动。1989年以后，托斯卡尼的一些更具政治色彩且震撼世人的作品开始出现在各大公告牌和杂志上，尤为特别的是，其宣传海报的画面中并没有出现任何与服装相关的元素。他的作品试图模仿一些经典的艺术作品，如一幅濒临死亡边缘的艾滋病人的照片就曾引起一阵风波，主要是因为它与经典的圣母玛丽亚怀抱耶稣尸体的画作构图极为相似。不过，贝纳通品牌却因此得利，通过这则广告，其成功地提升了销售量。

托斯卡尼颠覆了传统意义的时装广告，他的作品证明就算缺少时装元素的图片一样可以促进服装的销售。这是非常精明的做法，因为来自世界各地不同国家、民族的人们对关注人类社会重要主题的照片会有各自不同的解读，这些主题可以包括生命、死亡、战争和宗教等。

2000年，托斯卡尼挑战视觉极限，发布了一则贝纳通的宣传海报，题为“我们，死刑犯”。海报的画面中展示了被判刑的囚犯、杀人犯的肖像，这引起了全社会的强烈抗议和不满。“贝纳通在美化这些杀人魔！”一名来自“伸张正义”受害者联盟的成员说，“贝纳通将产品宣传建立在践踏受害者的鲜血之上！”当西尔斯罗巴克公司砍掉了贝纳通公司的特许经销权后，托斯卡尼最终选择了离开贝纳通公司。资深广告人杰瑞·戴拉·费米纳在《华尔街日报》中谴责道：“如果因为制作那些极其乏味、无效的广告使大众遭受痛苦折磨的人会被判有罪并处以死刑的话，那么奥里维埃洛·托斯卡尼这个自诩为天才的贝纳通广告幕后黑手，将会出现在他自己的反死刑广告海报中。”

托斯卡尼将宣传的商品完全排除的新奇广告拍摄方法，配上令人过目不忘的图像，这样的组合神奇般地提升了品牌形象。在此之前，人们眼中的贝纳通公司只是生产色彩鲜亮的套头衫而已。托斯卡尼不仅仅成就了自己的事业，也重新塑造了贝纳通品牌。

来自世界各地不同国家、民族的人们对关注人类社会重要主题的照片会有各自不同的解读，这些主题可以包括生命、死亡、战争和宗教等。

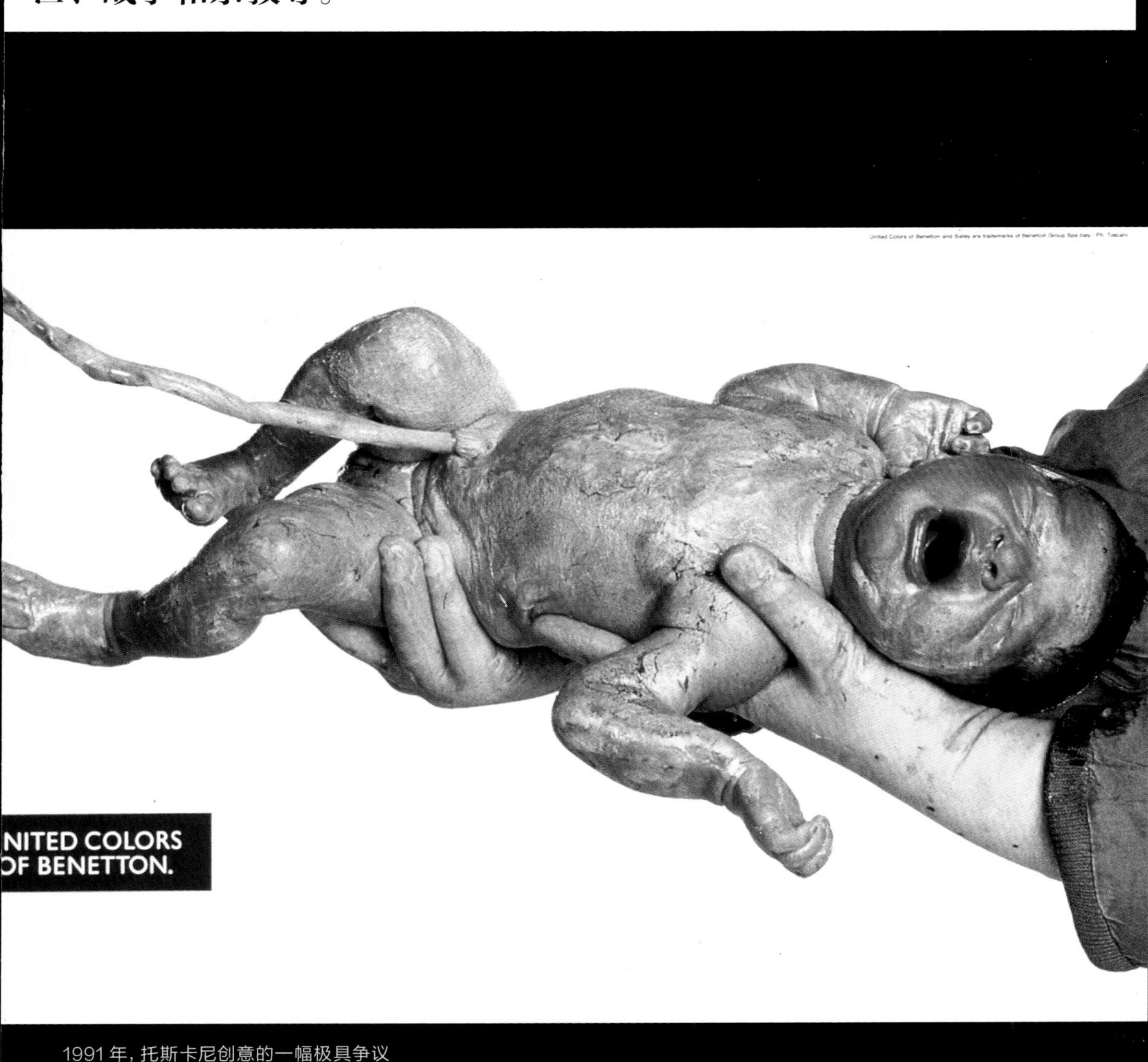

1991年，托斯卡尼创意的一幅极具争议性的作品：尚未剪掉脐带、血迹斑斑的初生婴儿，令人触目惊心、印象深刻。

来自比利时的新忧郁风设计

观念 91

解构主义和安特卫普

20世纪80年代，6位毕业于比利时安特卫普皇家艺术学院的学生怀揣梦想，决定到伦敦大展拳脚，其中包括安·得穆鲁梅斯特（Ann Demeulemeester）、朵利斯·范·诺登（Dries Van Noten）和德克·毕肯伯格斯（Dirk Bikkembergs）等，加上于1989年在巴黎首次推出自己服装设计系列的设计师马丁·马吉拉（Martin Margiela），他们的作品代表了90年代极致低调的时尚风格。

2000年，来自比利时的设计师马丁·马吉拉展示其廓形超大的女装和其配套发型的设计。这件服装中，不对称的袖口剪裁是他的标志性设计特点之一。

尽管其中的每位设计师都有自己的个人风格，但他们都喜欢单色调、颓废感的服装。马丁·马吉拉与安·德穆鲁梅斯特乐于将衣服重装，并创新性地运用不缝合的剪裁手法，将衬里与磨损的边角暴露在外。他们抛开色彩，将关注的焦点集中在服装细节的处理和不同反差的面料上面。马吉拉把从跳蚤市场上淘来的古董薄纱与拼布加入自己的设计作品之中，将接缝和拉链刻意放在服装的表面。这种做法被媒体称为"解构主义设计"，而他本人却并不赞同。他回应道："我不认为自己的设计可以被称作'解构主义'。当我把旧的或新的衣服拆开，并将其转换成新的设计作品时，我不认为这是在破坏或摧毁，而是以另一种方式为它们带来新生。"1997年，马吉拉开始为爱马仕工作。

德穆鲁梅斯特将设计重点集中在多层、流动的服装设计上，她的作品没有浮夸的颜色，而是将面料的质地作为服装的修饰。德穆鲁梅斯特以长款外套和裙装设计出名，此外还包括可以露出髋骨的极低腰剪裁裤装。同样也是她，将抽丝、破洞的长筒袜带到时尚T台。

朵利斯·范·诺登的作品则更加女性化。受到东方文化的影响，他运用深色面料，使用尽量少的装饰，设计出多层纱笼、夹克和裤装。

德克·毕肯伯格斯最初只设计男装，直到1993年才推出了女装设计。运用解构美学的理念，他的设计追求简洁的外形、哑色的硬朗风格。他偏爱军装风，擅于运用多层堆叠，混搭各种羊毛和皮革等面料。

这些设计师出现的时机非常完美，他们的忧郁风格与浮华的20世纪80年代格格不入，却满足了下一个时代——那些追求简洁、不装腔作势风格的人的胃口。他们设计的服装看起来更加真实、质朴。

创新性地运用不缝合的剪裁手法，将衬里与磨损的边角暴露在外。

法国著名女星苏菲·玛索身穿朵利斯·范·诺登设计的白色长裙，搭配白色衬衫与松垮剪裁的黑色外套。

一些设计师放弃现场展示，而是选择在互联网上举办自己的时装发布会，因为通过网络，海量的图片能够第一时间传输到消费者的电脑屏幕上。

顺时针从上至下：奢侈品购物网站 net-a-porter 的在线页面；
设计师约翰·加利亚诺的个人官方网站；
全球最红的街拍博客：The Sartorialist。

网络空间的时尚

观念 92

互联网

互联网最初名为"APRANET"，由美国军方在冷战期间研发，目的是为了回应苏联于1957年发射的人类第一颗人造卫星"伴侣号"，试图重新获得技术上的领先权。互联网在60年代发展十分迅猛，到了20世纪七八十年代，它已经成为覆盖全球的网络系统。

当时，互联网仍主要用于军事以及学术研究。直到蒂姆·伯纳斯·李（Tim Berners-Lee）爵士在20世纪80年代末发明了"万维网"，公众才开始接触和使用互联网技术。自那时起，再也没有人能阻挡互联网发展的迅猛势头。

互联网的出现，对现代生活的许多方面都产生了重要的影响，当然也包括时装产业。为了坚守住自己在市场上的地位，现在所有的知名品牌都开设了自己公司的宣传网页，展示最新一季的设计、媒体公关信息以及各门店和零售批发商的链接或联系方式等。设计师也迅速利用了网站的市场营销优势，宣传自己的作品。互联网成为人们寻找品牌或零售批发商信息的绝好工具。

此外，由于互联网独特的优势，时装秀和最新的街头流行时尚能够第一时间展示在消费者的面前，这样的传输速度在以前是难以想象的。style.com与firstview.com是第一批发行国际时装周图片和视频的网站。一些设计师放弃现场展示，而是选择在互联网上举办自己的时装发布会，因为通过网络，海量的图片能够第一时间传输到消费者的电脑屏幕上。巴宝莉推出了"点击购买"的营销模式，顾客可以在网站上欣赏时装发布会的同时，点击购买自己心仪的服装，他们所预订的货品将在7周之后直接送到家中。英国《卫报》时装编辑杰斯·卡特纳·莫莉在2010年说道："互联网独有的快速传输性改写了时装界的传统规则。现场直播的时装秀以及崛起的一批新生代博客人已经成为时装秀场与消费者之间直接的联系纽带。"

零售业也因此出现变革，数以万计的24小时在线购物网站销售着从经典设计师服装到新生品牌等各种各样的商品。消费者只需点击几次鼠标，就可以足不出户购买到心仪的夹克或鞋子。在如net-a-porter.com这样的网站上，有着数不清的在线零售商——从高街品牌到高端奢侈品零售店，应有尽有。新晋设计师现在可以通过互联网，将自己的作品直接销售给顾客，无须任何中间费用。

一直占据时装产业中心位置的传统媒体，如杂志和报纸，也迅速接纳并加入了线上世界。每一种顶尖的杂志和报纸都拥有了自己的线上电子版本。由于无以计数的免费线上杂志和互联网时尚博客的出现，随之而来的是一轮全新的、激烈竞争的开始。

对消费者而言，互联网对他们产生了积极的影响：赋予他们更多的权利，也让他们有了更多的需求。面对海量的信息以及人们多种多样的选择，零售商、品牌商以及媒体从业者必须更加努力，来满足对时尚充满愈加饥渴的欲望且更加精明的消费者。

对20世纪80年代以来的装饰性消费以及自以为是的奢华时尚风进行反思并重新评估。

新时代风格酷劲十足，白色设计呈现出冷静的简约之美。

明亮、白色的未来之光

观念 93

新纯净风

1990年，休闲舒适的纯白色服饰，来自由里法特·沃兹别克设计的标志性新时代设计系列。

1990年，在伦敦工作的土耳其设计师里法特·沃兹别克凭借其新时代设计系列，俘获了评论家和众买家的心。他的这一系列作品主打宽松的分体设计，风格清新，灵感来源于夜店装、运动装以及街头休闲装。沃兹别克将运动服和体育休闲服重新设计，改造成穿着舒适的夜店装，搭配亮片装饰的棒球帽、松垮的白色帽衫以及印着“涅槃乐队”标语的上衣，酷感十足。

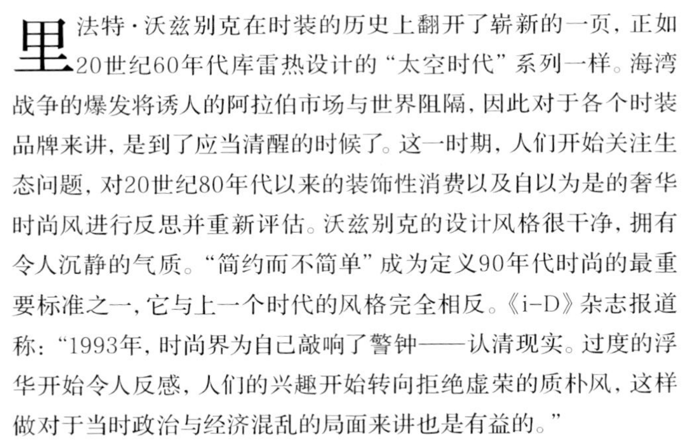

里法特·沃兹别克在时装的历史上翻开了崭新的一页，正如20世纪60年代库雷热设计的“太空时代”系列一样。海湾战争的爆发将诱人的阿拉伯市场与世界阻隔，因此对于各个时装品牌来讲，是到了应当清醒的时候了。这一时期，人们开始关注生态问题，对20世纪80年代以来的装饰性消费以及自以为是的奢华时尚风进行反思并重新评估。沃兹别克的设计风格很干净，拥有令人沉静的气质。“简约而不简单”成为定义90年代时尚的最重要标准之一，它与上一个时代的风格完全相反。《i-D》杂志报道称：“1993年，时尚界为自己敲响了警钟——认清现实。过度的浮华开始令人反感，人们的兴趣开始转向拒绝虚荣的质朴风，这样做对于当时政治与经济混乱的局面来讲也是有益的。”

时尚界开始出现简约奢华风的复兴。以美国设计师佐兰为代表，他创新性地打造了以精致面料为主的“胶囊衣橱”。佐兰的设计聚焦简约风，他使宽松的敞腿裤与T恤衫的设计更加完美，并力图控制服装饰品和栓扣的数量，力图将其减至最低。

在20世纪的最后10年内，时尚开始变得低调。设计师将关注点转向轻柔、舒适的柔滑服装。而对于他们来说，最重要的一点就是“不卖弄”。

无印良品的 T 恤故意设计为没有任何品牌商标的样式。而且，无印良品一直以自己缺少进攻性的品牌营销模式为傲。

向商标说“不”

观念 94

反品牌主义

一个品牌怎样变成无品牌？究竟什么才是反品牌主义？20世纪90年代，一批新兴公司崛起，他们的出现是针对80年代过剩的品牌化现象的反馈。这些公司建立在反消费至上的理念基础上，逐渐在时尚界建立起自己的王国。

90年代，由于世界经济的萎缩，一种全新的、对消费至上主义逐渐冷静看待的社会风气开始形成。时装设计师开始将关注点转向低调的奢华，夸张的商标开始被视作粗俗的标志。

2000年，娜欧米·克莱因出版了《拒绝名牌》一书，书中记录了品牌如何逐渐超越产品本身的价值而成为消费符号的演变过程。同时，克莱因也对国际跨国公司、品牌痴迷以及消费至上现象进行了猛烈抨击。克莱因抓住了正确的时机，当时人们对于反品牌和反全球化的呼声逐渐高涨，众多时装公司也开始接受全新的理念。在这充满冲突与矛盾的时代中，人们开始思考如何以新的方式建立品牌。同时，这样的社会背景也鼓励他们在采购和生产政策方面承担起更多的责任。

如今，反品牌运动已经得到越来越多人的支持。互联网的出现使众多时装公司对大众来说变得更加“透明”。那些想要冒险以不道德或贪婪的手段赢利的公司会成为全球的焦点，任何一家公司都会因此付出惨重的代价。

日本品牌“无印良品”（MUJI）在20世纪80年代开始全球化跨国经营，它为人们提供设计简洁的服装以及室内装饰品。对于自己缺少进攻性的品牌营销模式，无印良品一直引以为傲。无印良品的官网上有这样一条宣言：“无印良品不是一个品牌。我们不会因为某个人或某种时尚潮流而制作产品。”无印良品推出了一款空白T恤，让购买者能够自由发挥，在上面创造个性化图案。

2004年，阿迪达斯在伦敦开设了一家无品牌商店，俗称为“6号店”。这一举动意在表达该品牌对于消费者来说纯粹的真实性，一反那些对品牌大肆宣传的竞争对手。

无独有偶，销售纯棉新潮T恤与女装的零售商AA美国服饰（American Apparel）也一直以其无品牌和个性化设计零售商店而闻名。其首批店铺于2003年在加拿大和北美开业。销售的所有服装都在美国生产，绝不会将工厂设在其他国家。该品牌利用“反集团化”和“反全球化”的理念来进行市场营销。其广告海报也会邀请普通人作为模特，如此精心的算计是为了满足新一代对任何事总是充满质疑的年轻消费群体。

一些人认为这些标榜“反品牌”的公司其实仅仅是在利用新的营销技巧来达到和那些他们所轻视的公司一样的赢利目的。然而，他们的做法却俘获了部分现代消费者的心，这些新生代消费者不断地质疑自己所买的商品，并要求供应商和生产商们承担更多的责任。这样的消费意识对时尚界来讲是十分有积极意义的。

上下不搭配的邋遢外衣，超大或超小的层叠服饰，在这类人的穿着中很少会看到十分贴身的服饰组合。

高端时尚变得低调

观念 95

颓废时尚

上图：1993年，派瑞·艾力斯品牌春夏新品发布，由知名设计师马克·雅可布设计的颓废时尚主题系列时装秀。

对页：1990年，西雅图，颓废风的代表人物——涅槃乐队主唱科特·柯本。

把朋克和嬉皮放在一起，揉一揉，捏一捏，滚一滚，碾压成型之后，你就创造出了颓废时尚。尽管相对来讲，颓废时尚只是一个很小的亚文化运动，但是它对时尚界的影响十分巨大。颓废时尚正好契合了20世纪90年代悲观、忧郁的情结，以及人们希望购买"真实"商品的心理。它与20世纪80年代对商标和身份痴迷的时尚风气完全不同。

GRUNGE，也被称为"垃圾摇滚"，最早源自西雅图，是美国摇滚乐的分支，代表乐队有：珍珠酱和涅槃。"Grunge"一词最早出现在20世纪60年代，其词源"grungy"的意思是肮脏、邋遢的。正如其所代表的音乐一样，颓废时尚（grunge style）的本质是"反时尚"和低调的。这类人群通常的装扮是：上下不搭配的邋遢外衣，超大或超小的层叠服饰，在这类人的穿着中很少会看到十分贴身的服饰组合。涅槃乐队的主唱科特·柯本是颓废风装扮的经典代表——蓬乱的头发、牛仔裤、格子衬衫以及匡威运动鞋。女孩则着迷于碎花裙与笨重军靴，或大号无袖连衣裙与褶皱的真丝上衣的搭配组合。

颓废风源于街头时尚，却迅速被安娜苏这样嗅觉敏锐的设计师发现，在1993年春夏新品发布会上，她将颓废风设计引入时尚T台。1992年，知名设计师马克·雅可布为派瑞·艾力斯（Perry Ellis）品牌设计了一个以颓废时尚为主题的系列，其中包括骷髅头的酷帽、工作靴、法兰绒衬衫，以及一套与羊绒衫搭配穿着的真丝裙装。《纽约时报》将之称为"一团糟"的设计，而事实上的确如此。不出意外的话，这也许是雅各布为派瑞·艾力斯所设计的最后一个系列的作品。令人更加无法预料的是，颓废风也被众多大牌设计师借鉴，并将其添加进自己的设计之中，这其中有知名设计师克里斯汀·拉克鲁瓦、DKNY的设计师唐娜·凯伦、拉尔夫·劳伦和香奈儿品牌的时装设计大师卡尔·拉格菲尔德等。然而，这些设计师的成衣客户并不愿意为这些街头时尚风的服饰买单。虽然已经不是20世纪80年代，但是他们仍旧希望能够买到一些更加物有所值的奢侈品。因此，颓废时尚再一次回归街头，回到真正属于它的地方。

2006年，科琳·麦克罗林和她的伊夫·圣·罗兰缪斯手提包，这款包售价超过1000英镑。

等候名单和四位数的价签

观念 96

身份象征的手提包

现在，那些动辄几千镑、具有身份象征意义的手提包已经成为富有和消费力最显而易见的标志。一只由知名设计师设计的手提包，往往拥有一长串的等候顾客名单，名单之中充斥着那些急切想要得到并将其四处炫耀的有钱人。

1956年，格蕾丝·凯利宣布与摩纳哥王子雷尼尔订婚，当时她手中提了一只爱马仕的手提包。之后，为了纪念格蕾丝王妃，爱马仕将这款手袋命名为“凯利包”。

20世纪80年代，与皮革相比，女士的手提包更倾向于由新兴或更经济的面料制成，而此时，人们也逐渐养成将不同款式的手包与服装进行搭配的习惯。

到了90年代，时装界开始崇尚低调风潮（也许有些人会认为过于枯燥单调），精明的设计师意识到，穿着低调的时髦女郎为了得到奢侈品品牌的绝美配件，均不惜重金。那些大牌的标志性手袋只制作限量版，这样便能够引发人们更加高涨的购买欲，得到冗长的排队购买等候名单。

世界知名设计师品牌旗下备受追捧的手提包总是拥有众多忠实粉丝，这些品牌包括普拉达、迪奥、芬迪和古琦等。1997年，知名设计师马克·雅可布加盟路易·威登。他为路易·威登品牌所注入的全新设计灵感与理念使该公司皮质商品的销量增长了近1/3。芬迪的设计师创造出“法棍包”，这款轻巧的手袋放在臂下如一条法式面包。据称，在3年之内，芬迪的“法棍包”销量接近60万只，且一直保持强势增长势头。除此之外，克里斯汀·迪奥的“马鞍包”、伊夫·圣·罗兰的缪斯手提包以及蔻依的经典“帕丁顿女包”都令女人们为之疯狂，并不惜一切代价想要将其收入囊中。

到了2005年，女士手提包成为众多时尚产品中销售量最高的商品。这一诱人的“金矿”使得众多原本没有手提袋生产线的公司品牌也决定闯入这一市场，并推出自己的服饰配件设计系列，其中包括纳西索·罗德里格斯（Narciso Rodriguez）以及扎克·珀森等。

知名设计师品牌不断地利用自身的经典设计系列，使用不同的面料或涂层，在每一季对其进行革新并以当季新品推出。越新颖、奇异的变化，售价越高，有些手袋的价格甚至飙升至5位数。爱马仕直到今日仍在销售凯利包，这款包于20世纪50年代首次推出，以格蕾丝·凯利的名字命名。多年以来，爱马仕一直以不同的面料或装饰来重新演绎这一经典设计。此外，设计大师卡尔·拉格菲尔德每一年也在不断地为独特、经典的长链“香奈儿2.55”单肩包添加新元素。

当今世界，最热、最火、最独一无二的“身份手袋”非柏金包莫属。它隶属于爱马仕品牌，在20世纪60年代以女星简·柏金命名。玛莎·斯图尔特和饶舌歌手莉儿金在出席法庭听证会的时候都随身提了一款柏金包。想要购买一只柏金包，一般需要等上两年的时间，且每一只售价都超过5000美元。携带这款包出席法庭，的确是在以一种沉默的方式，大胆地向世人宣告自己的身份地位。

纺织品变得精明

观念 97

高性能织物

织物和纤维在拥有时髦样式的同时，也能够具备多种性能，令穿着者身体保持干爽，阻挡有害细菌以及紫外线，有些甚至可以为人体注入维生素C和润肤的保湿乳液。

高性能织物是利用人工合成技术，令织物增加某种特殊功能，往往用于体育、军事以及医疗行业。然而，它并不仅仅具备除菌或防火的功能，时装设计师迅速掌握了新型织物的特点，并将其运用到自己的设计之中。在这一方面，范思哲与三宅一生是先锋代表，早在20世纪80年代，他们就开始对新科技进行尝试。到了90年代，众多纺织品公司和展览会也为设计师提供了更多新鲜的灵感。

时尚界一直致力于充分利用新型纺织科技，借助其防护功能设计时装。渡边淳弥使用防水面料设计风衣。传统上，防水风衣是将雨水阻挡在外，而渡边淳弥则利用防水面料阻隔空气的同时，将水滴逼至衣服的最表层纤维上。拉尔夫·劳伦使用耐用、防水、透气且防风的Gore-Tex面料制作滑雪和自行车运动专用服装。美国服装品牌Coolibar在阳光普照的澳大利亚推出一系列能够阻挡多达97%紫外线的服装。无独有偶，Evoluzione服饰公司设计出防晒系数高达40（SPF40）的服装，且允诺能够使体表温度下降4—5°C，保持身体凉爽。多克斯公司声称设计出带有防辐射衬里的长裤，穿着这样的长裤能够抵挡手机辐射。2002年，普拉达公司也推出了特别的创新轻薄透明雨衣设计，这款雨衣一旦遇雨就会变得不透明了。

为了帮助抵御冬季寒冷引发感冒，富士工业在2001年研发了一款T恤衫，一旦接触温暖的肌肤，它就会释放对人体健康有益的维生素C。雪莉公司则推出一款能够为腿部添加芦荟保湿乳液的紧身裤袜。

在内衣设计方面，香味一直非常受欢迎。拉普拉（La Perla）通过将香氛粒子嵌入面料的方式，制作出甜味内衣。而更加极端的是利用香氛治疗的原理，混合茉莉和薰衣草香的黛安芬防吸烟胸衣，拥有阻止穿戴者产生想要吸烟欲望的功能。

2002年，普拉达秋冬新品发布会上推出的革命性创新雨衣，遇到雨便会变成不透明的雨衣。

在运动服和内衣制作方面，高科技纤维酷美丝能够迅速将汗水和湿气导离皮肤表面，让汗水挥发更快，使得身体保持自由呼吸的同时，时刻保持干爽舒适。

如果有一件永远不用清洗的衣服，那会是怎样一种感觉？有关自主清洁织物的研究表明，加入二氧化钛涂层的棉质服装，能够利用阳光作为触发器，将衣物上面的灰尘分解掉。如果这样的科技真的可以进入市场，必将成为人人争抢的摇钱树。

黛安芬防吸烟胸衣，拥有阻止穿戴者产生想要吸烟欲望的功能。

上图和右图：阿迪达斯的运动系列服装。

有其母必有其女

观念 98

永远年轻

20世纪末，如果看到三代女性穿着相同款式的服装，人们会觉得再平常不过了——服装的款式不再由穿着者的年龄来决定，一位70岁的老人可以和她18岁的孙女一起逛同一家商店。

20世纪90年代末，任何年龄段的女性都具备了极强的时尚敏感度。健康的饮食和锻炼、越来越多的人开始拒绝吸烟，以及医疗技术的不断发展，都使女性的寿命不断增长。当然，为了永远保持年轻，她们也付出了极大的努力。

新科技促使化妆品不断地更新换代。随着对美容整形的接受度不断提高，人们也不惜付出代价来令自己永葆青春。肉毒杆菌治疗术的推广和流行让女性终于可以和皱纹说再见，拥有全新光滑的前额。为了迎合人们希望自己永远保持完美的幻想，接发、睫毛增长、美甲和人工美黑等技术手段不断进入市场。

在年长的女性努力使自己永葆青春的同时，年轻女孩却急切地希望自己的穿着打扮变得成熟起来。"儿童时尚"鼓励孩子们效仿成人流行风尚，那些早熟的女孩也会极力模仿心中流行偶像的穿着搭配。如果女孩不能一直被当作成人来对待，她们至少能够穿得像大人一样。如今，正值青春期的少女们，不论在生理还是社会行为方面，与20世纪初的同龄人相比要显得更加成熟。在维多利亚时代，女性月经初潮的年龄一般是16岁，而现在已经提前到11岁。

穿着打扮模仿大人并不是新鲜事，它其实拥有悠久的历史。从中世纪以及文艺复兴时期的肖像画中，我们就能看到小女孩穿着奢华的服饰，其款式与成人时尚相同。艾莉森·卢里在1981年完成的《解读服装》一书中写道："这些女孩的衣服往往包括轮状皱领、有填充物的马裤、垂坠的长袖、拖尾长裙、高跟鞋以及带有羽毛和鲜花装饰的厚重礼帽。"直到18世纪末，女孩才被允许穿着属于她们那个年龄的、轻松活泼一些的服装，以便跑来跑去地玩耍嬉闹，而不是从婴儿时代的打扮直接过渡到小熟女的模样。

人类的平均寿命在不断地增长。现在，人们预计新生儿的寿命可以超过100岁，那么，想要看到五代人都穿着同样流行款式服装的日子，还会远吗？

是姐妹吗？当然不是！2007年，人们拍到著名女星黛米·摩尔和她的女儿塔卢拉·百丽·威利斯在一起。

服装不再显示年
大小。2008年，
·贾格尔与她的
艾芭（12岁）、阿
（15岁）在一起。

为了迎合人们希望自己永远保持完美的幻想，接发、睫毛增长、美甲和人工美黑等技术手段不断进入市场。

时尚的绿色信任状

观念 99

环保时尚

20世纪90年代是发生重大变革的年代，尤其表现在消费者环保意识的增强方面，人们开始关注气候变化、杀虫剂使用、污染以及垃圾处理等环境问题。由于全球变暖已经成为大众普遍关注的重大议题，因此时尚界也开始将焦点转向环保服饰。

2003年，环保运动倡导者以及服装设计师凯萨琳·哈姆内特参与了由乐施会资助的一次参观活动，该活动的目的是强调马里地区棉农的困苦生活。

尽管早在20世纪60年代，嬉皮士就开始提倡可持续发展的理念，但是这对于主流时尚的影响还是微乎其微。英国设计师凯萨琳·哈姆内特在2008年曾说道："没有人想要了解20年前的时尚和道德观念。"哈姆内特开辟了新的道路，她使用有机棉等环保面料设计服装。终于，主打"公平交易"和"环保时尚"的品牌开始普及流行。大众树（People Tree）品牌于1997年成立，它主要销售以"公平交易"理念为倡导的服饰，以及由有机面料制成的服装和配饰。该公司主要与发展中国家的有机作物制造商合作。

二手衣开始被人们称为"古着"服饰，并突然间成为时髦的代名词。为了满足大众的需求，价格不菲的"古着"服饰精品店逐一开设。1992年，设计师海伦·斯道瑞推出了一个高端时尚的"古着"服饰品牌，被命名为"第二人生"。

20世纪90年代末，时尚制衣业开始回应有关"公平交易"的问题。1998年，公平劳动协会发布了一条关于制衣企业的业务守则。该守则引起了制衣业的重大变革，极大地减少了全世界"血汗工厂"以及剥削工人的工厂数量。众多品牌被媒体曝光，如耐克和肖恩·约翰等，发展中国家的许多"血汗工厂"被迫关闭。

如今，环保时尚市场巨大。棉、丝绸以及亚麻等有机天然面料行业的利润不断增长。而且，由可持续性作物——大麻制成的服装也开始进入市场，各大网站和品牌也开始推广可循环再利用的服装。成立于1995年的霍维斯品牌，提供可循环利用的街头装，其T恤产品也是由再生棉制成的；Worn Again品牌也设计出由环保面料制成的运动鞋；牛仔品牌阿森松和詹姆斯·吉恩斯都将设计的焦点放在有机面料上。越来越多可持续利用的环保品牌被推出，如丹麦设计师品牌Noir（成立于2006年），爱尔兰U2乐队主唱波诺的自创品牌Edun系列主打"公平交易"的有机棉以及天然面料服饰，Top shop与大众树品牌展开合作，甚至连耐克品牌也开始拓展其服装系列——开辟了有机棉系列设计，并鼓励顾客在其店内循环回收运动鞋。

此外，一些高端时尚设计师也在为环保时尚出力，普罗恩萨·施罗（Proenza Schouler）与黛安·冯·芙丝汀宝（Diane von Furstenberg）都展示了他们设计的环保服装。哈姆内特说道："这些服装一定要时尚，而不是人们所认为的那种嬉皮士、简单朴素的'有机时尚'。它们同样也可以是充满魅力、华丽的服装。"

2008年，由伦敦中央圣马丁艺术与设计学院毕业生达维娜·霍桑设计的春夏系列服装。环保面料的褶皱印花长裙，搭配手绘串珠。

电子和纺织工程师开始尝试将电子产品直接嵌入织物面料之中。

2007年，日本东京，由英国设计师侯赛因·卡拉扬与施华洛世奇品牌联合设计推出的一款内置LED电子设备的裙装。

观念100

可穿戴的电子产品

将电脑和电话嵌入服装之中不再是未来的幻想。可以穿戴的电子产品正在被研制中，并将改变我们日常交流和穿衣的习惯。有人曾预言，未来我们重要的日常沟通工具可能是一件自己挚爱的夹克衫，而不是现在所使用的笔记本电脑或手机。

1922年，艾尔弗雷德·登喜路（Alfred Dunhill）在女性手袋中安装了一只内灯，可以在手袋开启时为内部照明。不久之后，艾尔萨·夏帕瑞丽设计出一款可以播放音乐的手提包。不过，近代的科技变化早已超越了灯光和音乐的范畴。

知名电子公司飞利浦在1999年与李维·斯特劳斯合作开发了一款ICD夹克，他们将手机与MP3放置在具有防护功能的口袋中，通过内置线路与夹克帽兜上面的耳机相连，使用者可以在欣赏音乐与接听电话之间来回转换。C’N’C品牌服装也研发出一款带有小型太阳能嵌板条的提包，能够为MP3或手机充电。然而，内嵌电子产品的服装可能看起来显得很笨重，而且也会遇到技术问题：怎么洗衣服？使用者必须在清洗之前将电子产品拿出来。

内置电池加热的夹克、背心和手套为那些骑摩托车的人带来了福音。不过，近年来电子和纺织工程师开始尝试将电子产品直接嵌入织物面料之中，如可清洗、有弹性的电子线路等。2002年，数据通信类公司Softswith与伯顿滑雪板公司共同开发并推出了首款在面料中内嵌操控台的电子滑雪夹克衫，他们将韧性键盘固定在夹克袖筒中，来操控一台MD随身听。另一家滑雪板公司奥尼尔（O’ Neill）推出一款在袖筒中内置GPS的导航滑雪夹克衫。同时，该公司也设计出内置兼容MP3娱乐系统的夹克衫，由编织进袖筒中的软性遥控器进行操作，然后在衣领中放置麦克风，方便使用者接听免提电话。同样的，Gul公司设计的航海夹克衫也将遥控台嵌入袖筒之中，用来操作内置的MP3播放器。

众多公司也试图将科技应用于时尚的领域，英国伦敦可爱电路服饰公司（Cute Circuit）生产出一条一经触碰就能改变颜色和形状的裙装。而当代英国设计师侯赛因·卡拉扬也设计出由人工面料制成的可以通过遥控器控制来改变造型的服装。

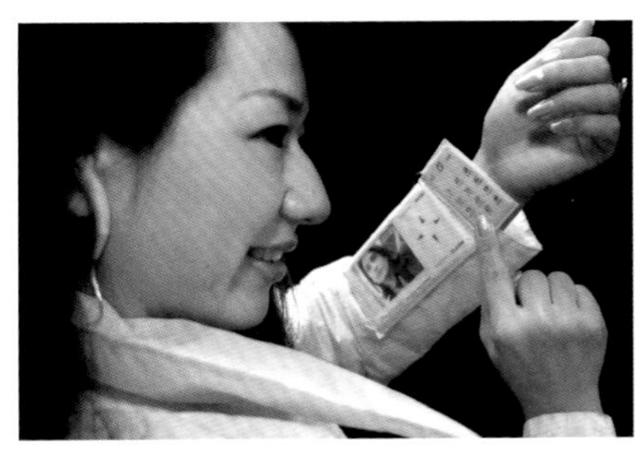

顶图：2002年，日本先锋公司的员工向人们展示其公司研发的最新街头休闲装——一款集合时尚与便携PC的服装。其所展示的耐热面料被嵌入袖筒之中。

上图：2009年，Cutecircuit公司设计的超轻丝制“银河长裙”，整个裙身绣有24000只如纸薄的LED灯管，并人工点缀了超过4000颗施华洛世奇水晶。

科技的发展速度越来越快，人与人之间的沟通工具也越来越轻便。我们每日所穿着的衣服，将不可避免地变得更加精致和复杂。

图片来源

P **2** Martin Hayhow/AFP/Getty Images;
P **8** © The Bridgeman Art Library;
P **9** Photo by Tony Barson/WireImage / Getty Images;
P **10**（上图）Photo by Arnaldo Magnani/ Getty Images;
P **10**（下图）Photo by Hulton Archive/ Getty Images;
P **11** © Interfoto/Lebrecht Music & Arts;
P **12** Photo by Mansell/Tim Life Pictures/ Getty Images;
P **13** Tony Barson/WireImage/Getty Images;
P **14** Photo by Hulton Archive/Getty Images;
P **15** Georges Lepape: © ADAGP, Paris and DACS, London 2010;
P **16** © Emmanuel Fradin/Reuters/Corbis;
P **17** © 2005 Roger-Viollet/Topfoto;
P **18**（上图）Photo by Lipnitzki/Roger Viollet/Getty Images;
P **18**（下图）Photo by Weegee (Arthur Fellig)/International Center of Photography/Getty Images;
P **19** Courtesy Agent Provocateur;
P **20** © Bettmann/Corbis;
P **21** After Sir George Hayter/V&A Images/Victoria & Albert Museum;
P **22**（上图）SNAP/Rex Features;
P **22**（下图）Pierre-Philippe Marcou/AFP/ Getty Images;
P **23**（左图）© Bettmann/Corbis;
P **23**（右图）Central Press/Getty Images;
P **24** Condé Nast Ltd—Cecil Beaton/ Trunk Archive;
P **25**（上图）Courtesy EMAP;
P **25**（下图）© Mary Evans Picture Library 2010;
P **26**（上图）General Photographic Agency/Getty Images;
P **26**（下图）Clare Muller/PYMCA;
P **27** Waring Abbott/Getty Images;
P **28** The Art Archive/Royal Automobile Club London/NB Design;
P **29** Alan Band/Keystone/Getty Images;
P **30**（上图）© Bettmann/Corbis;
P **30**（下图）dpa Picture-Alliance GmbH;
P **31** Courtesy PETA; P**32** Rob Loud/ Getty Images;
P **33**（上图）Slim Aarons/Getty Images;
P **33**（下图）© Photo RMN—Ernest Bulloz;
P **35** Georges Lepape/Vogue © The Condé Nast Publications Ltd;
P **36** Joel Saget/AFP/Getty Images;
P **37** Courtesy John Galliano;
P **38**（左图）Photo by Hulton Archive/ Getty Images;
P **38**（右图）Paul O'Doye/Getty Images;
P **39** Library of Congress, Prints & Photographs Division, Russell Patterson, LC-USZCN4-137;
P **40** © Bettmann/Corbis;
P **41** The Art Archive/Kharbine-Tapabor/ Coll. Galdoc-Grob;
P **42** © RA/Lebrecht Music & Arts;
P **43**（左图）Bob Thomas/Popperfoto/ Getty Images;
P **43**（右图）Syndication International/ Getty Images;
P **44** © Ullstein Bild/Topfoto;
P **45** Lee Miller/Getty Images;
P **46** © 2005 Roger-Viollet/Topfoto;
P **47** Courtesy Shaun Leane;
P **48** Robert Legon/Rex Features;
P **49** The Kobal Collection;
P **50** catwalking.com;
P **51**（上图）Kurt Hutton/Picture Post/ Getty Images;
P **51**（下图）Startraks Photo/Rex Features;
P **52** © CHANEL—Collection Denise Tual;
P **53**（左图）The Kobal Collection/United Artists;
P **53**（右图）akg-images;
P **54** © Man Ray Trust/Adagp—DACS/ Telimage—2010;
P **55** catwalking.com;
P **56**（上图）Sipa Press/Rex Features;
P **56**（下图）Mark Large/Daily Mail/Rex Features;
P **57** Eugene Adebari/Rex Features;
P **58** © V&A Images/Victoria & Albert Museum;
P **59** catwalking.com;
P **60**（上图）Courtesy Marc Jacobs;
P **60**（下图）Courtesy Dior;
P **61** The Art Archive/Alfredo Dagli Orti;
P **62** Gjon Mili/Time Life Pictures/Getty Images;
P **63**（上图）catwalking.com;
P **63**（下图）The Art Archive/Kharbine-Tapabor;
P **64** The Kobal Collection;
P **65**（左图）Mike Marsland/WireImage/ Getty Images;
P **65**（右图）Everett Collection/Rex Features;
P **66** Dominique ISSERMANN for the No 5 advertising campaign in 2009 © CHANEL 2009;
P **67** © Chanel © Andy Warhol

Foundation. From Andy Warhol serigraphies.;
P **68** Margaret Chute/Getty Images;
P **69**（上图）Chris Moorhouse/Getty Images;
P **69**（下图）Popperfoto/Getty Images;
P **70** (左上图) catwalking.com;
P **70**（右上图）© Bata Shoe Museum, Toronto 2010;
P **70**（中间左图）catwalking.com;
P **70**（中间中图）Getty Images;
P **70**（中间右图）catwalking.com;
P **70**（左下图）Courtesy Sergio Rossi;
P **70**（右下图）© Interfoto/Lebrecht Music & Arts;
P **71** catwalking.com;
P **72** Edward Steichen/© Corbis. All Rights Reserved;
P **73** © RA/Lebrecht Music & Arts;
P **74** © Steven Meisel/Art + Commerce/ Courtesy Yves Saint Laurent;
P **75** akg-images;
P **76**（上图） © Jerome Albertini/Corbis;
P **76**（下图）Ron Galella/WireImage/ Getty Images;
P **77** © Roger Schall;
P **78**（上图） LAPI/Roger Viollet/Rex Features;
P **78**（下图）© John-Paul Pietrus;
P **79** Rex Features;
P **80** © RA/Lebrecht Music & Arts;
P **81** General Photographic Agency/Getty Images;
P **82** Terry Richardson/Art Partner;
P **83**（上图）Giorgio Armani advertising campaign Autumn/Winter 1984–85 by Aldo Fallai;
P **83**（下图）Sasha/Getty Images;
P **84** akg-images;
P **85**（上图）John Kobal Foundation/ Getty Images;
P **85**（下图）akg-images;
P **86** Courtesy Monsoon;
P **87**（上图）Keystone/Getty Images;
P **87**（下图）akg-images;
P **88** Image by Cecil Beaton © Condé Nast Archive/Corbis;
P **89**（左图）© Philadelphia Museum of Art/Corbis;
P **89**（右图）© Salvador Dali, Fundació Gala-Salvador Dalí, DACS, 2010;
P **90**（上图）Photoshot. All right reserved;
P **90**（下图）Michael Ochs Archives/ Getty Images;
P **91** © Bata Shoe Museum, Toronto 2010;
P **92**（左图）Eric Ryan/Getty Images;
P **92**（右图）Berard: © ADAGP, Paris and DACS, London 2010;
P **93** catwalking.com;
P **94** Kurt Hutton/Getty Images;
P **95** Courtesy Advertising Archives;
P **96** catwalking.com;
P **97**（上图）Peter Stackpole/Time & Life Pictures/Getty Images;
P **97**（下图）© CinemaPhoto/Corbis;
P **98** © Genevieve Naylor/Corbis;
P **99** Fred Ramage/Getty Images;
P **100** Peter Paul Hartnett/Rex Features;
P **101** （左图）Fox Photos/Getty Images;
P **101**（右图）Associated Newspapers/ Daily Mail/Rex Features;
P **102**（左图）Gavin Watson/PYMCA;
P **102** （右图）Courtesy Dr Martens;
P **103** catwalking.com;
P **104**（上图）Lichfield/Getty Images;
P **104**（下图）John Chillingworth/Getty Images;
P **105** © Anthea Simms;
P **106**（上图）Roy Stevens/Time & Life Pictures/Getty Images;
P **106** （下图）PA Archive/Press Association Images;
P **107** Jim Rakete/Photoselection;
P **108** The Kobal Collection/Danjaq/Eon/ UA;
P **109** Keystone/Getty Images;
P **110** Rex Features;
P **111** © Condé Nast Archive/Corbis;
P **112** © Ullsteinbild/Topfoto;
P **113** Courtesy Advertising Archives;
P **114** John Pratt/Keystone Features/Getty Images;
P **115** © 2006 JapaneseStreets.com/Kjeld Duits;
P **116** Pascal Le Segretain/Getty Images;
P **117**（上图）Getty Images;
P **117**（下图）akg-images;
P **118**（上图）Warner Bros/The Kobal Collection;
P **118** (下图）© 2001 Topham Picturepoint;
P **119** Courtesy Katharine Hamnett & YOOX Group;
P **120** Courtesy Manolo Blahnik;
P **121** © Estate Guy Bourdin/Art + Commerce;
P **122** Courtesy of The Richard Avedon Foundation;
P **123**（上图）© Henry Diltz/Corbis;
P **123**（下图）Courtesy Advertising Archives;
P **124**（上图）Keystone/Getty Images;
P **124**（下图） Ebet Roberts/Redferns/ Getty Images;

P **125**（大图）Courtesy Converse;
P **125**（左上图）Courtesy Nike;
P **125**（右上图）Courtesy Gola;
P **125**（右下图）Courtesy Puma;
P **125**（左下图）catwalking.com;
P **126** © Greg Gorman;
P **127**（上图）Carlos Muina/Cover/Getty Images;
P **127**（下图）© B.D.V./Corbis;
P **128** Terry O'Neill/Getty Images;
P **129**（大图）© Ronald Wittek/dpa/Corbis;
P **129**（插图）© Deborah Feingold/Corbis;
P **130** Keystone/Getty Images;
P **131**（上图）© Janette Beckman/PYMCA;
P **131**（下图）The Kobal Collection/Curbishley-Baird;
P **132** Reg Lancaster/Getty Images;
P **133** Clive Arrowsmith/Celebrity Pictures;
P **134** catwalking.com;
P **135**（上图）© Topfoto;
P **135**（下图）Jim Smeal/WireImage/Getty Images;
P **136**（上图）© Condé Nast Archive/Corbis;
P **136**（下图）Everett Collection/Rex Features;
P **137** © Ronald Traeger;
P **138** akg-images;
P **139**（大图）Rex Features;
P **139**（插图）Courtesy Advertising Archives;
P **140** © Peter Knapp;
P **141** Edward James/Rex Features;
P **142**（上图）Marc Hispard/© Condé Nast Archive/Corbis;
P **142**（下图）2009 Getty Images;
P **143** Steve Lewis/Getty Images;
P **144** J. Emilio Flores/Corbis;
P **145**（上图）© Anthea Simms;
P **145**（下图）catwalking.com;
P **146** catwalking.com;
P **147** Hulton Archive/Getty Images;
P **148** V&A Images/Victoria & Albert Museum;
P **149** Courtesy Helen Storey;
P **150** Keystone/Hulton Archive/Getty Images;
P **151**（左图）George Stroud/Getty Images;
P **151**（右图）© Norman Parkinson/Sygma/Corbis;
P **152**（上图）Contrasto/eyevine;
P **152**（下图）Gary Lewis/Polaris Images/eyevine;
P **153** James Whitlow Delano/Redux/eyevine;
P **154** McCarthy/Getty Images;
P **155**（上图）Tim Graham/Getty Images;
P **155**（下图）© Michael Ochs Archives/Corbis;
P **156** Everett Collection/Rex Features;
P **157** Gunnar Larsen/Rex Features;
P **158** Ilpo Musto/Rex Features;
P **159**（上图）Alan Messer/Rex Features;
P **159**（下图）Peter Sanders/Redferns/Getty Images;
P **160** Berry Berenson © Condé Nast Archive/Corbis;
P **161** catwalking.com;
P **162**（上图）Courtesy "Against Malaria" Campaign;
P **162**（下图）Francesco Scavullo, Vogue Magazine © Condé Nast Publications;
P **163** Terry O'Neill/Getty Images;
P **164** © Bettmann/Corbis;
P **165** © Bernd G. Schmitz/Corbis;
P **166** © Derek Ridgers;
P **167** David Dagley/Rex Features;
P **168** © Jacob Silberberg/Reuters/Corbis;
P **169** © Cardinale Stephane/Corbis/Sygma;
P **170**（上图）© Derek Ridgers;
P **170**（下图）© Ted Polhemus/PYMCA;
P **171** © Lynn Goldsmith/Corbis;
P **172** © Josh Olins/Trunk Archive;
P **173** © Inez Van Lamsweerde and Vinoodh Matadin/Trunk Archive;
P **174** © Janette Beckman/Getty Images;
P **175** Courtesy Adidas;
P **176** Lynne Sladky/AP/Press Association Images;
P **177**（上图）© James Lange/PYMCA;
P **177**（下图）bigpicturesphoto.com;
P **178** © Anthea Simms;
P **179** © Jason Hetherington;
P **180** Studio Holle-Suppa;
P **181** Thierry Orban /Sygma/Corbis;
P **182**（上图）Courtesy Stussy;
P **182**（下图）Courtesy Staple Design;
P **183** Jeff Kravitz/Filmmagic/Getty Images;
P **184** © Billa/Everynight Images;
P **185**（上图）© Derek Ridgers;
P **185**（下图）© David Swindells/PYMCA;
P **186–P187** Courtesy Benetton;
P **188** Ronald Stoops. Maison Martin Margiela A/W 2000–2001, Paris March 2000;
P **189** © Luc Roux/Corbis;

P **190**（上图）Courtesy Net-a-Porter;
P **190**（左下图）Courtesy The Sartorialist;
P **190**（右下图）Courtesy John Galliano;
P **192** © Anne Menke/Trunk Archive;
P **193** Clive Dixon/Rex Features;
P **194** Courtesy Muji;
P **196** © Ian Tilton/Retna;
P **197** catwalking.com;
P **198** Chris Jackson/Getty Images;
P **199** © 2005 AP/Topfoto;
P **200** Stefano Rellandini/Reuters;
P **201** Courtesy Adidas;
P **202** Arnaldo Magnani/Getty Images;
P **203** Dave M. Benett/Getty Images;
P **204** Michael Dunlea/Rex Features;
P **205** Photo by Othello De Souza Hartley/
Courtesy Davina Hawthorne;
P **206** © Kim Kyung Hoon/Reuters;
P **207**（上图） Toshiyuki Aizawa/Reuters;
P **207**（下图）© 2008 J.B. Spector/
Museum of Science & Industry, Chicago/
Courtesy of Cute Circuit.

致 谢

非常感谢劳伦斯·金出版社海伦·罗切斯特和苏西·梅的帮助，以及希瑟·维克斯、乔恩·阿伦和柯尔斯蒂·西摩－尤利的努力和耐心。对于杰米·林赛和DW的专业建议，本人表示由衷的感谢。

致杰西·林赛

哈里特·沃斯里，毕业于英国中央圣马丁艺术与设计学院，后留校任教，现在教授时尚传播与时尚新闻专业。她曾经有过一段时间的时尚记者生涯，并出版过时尚历史和经典时尚类的书籍。

图书在版编目（CIP）数据

100个改变时尚的伟大观念 / （英）哈里特·沃斯里著；唐小佳译. -- 北京：中国摄影出版传媒有限责任公司，2020.11

书名原文：100 Ideas that Changed Fashion

ISBN 978-7-5179-1016-9

Ⅰ. ①1… Ⅱ. ①哈… ②唐… Ⅲ. ①服饰－历史－世界 Ⅳ. ①TS941-091

中国版本图书馆CIP数据核字（2020）第268226号

北京市版权局著作权合同登记章图字：01-2020-2742号

100 个改变时尚的伟大观念

作　　者：［英］哈里特·沃斯里

译　　者：唐小佳

出 品 人：高　扬

责任编辑：宋　蕊

版权编辑：张　韵

装帧设计：冯　卓

出　　版：中国摄影出版传媒有限责任公司（中国摄影出版社）

地址：北京市东城区东四十二条 48 号　邮编：100007

发行部：010-65136125　65280977

网址：www.cpph.com

邮箱：distribution@cpph.com

印　　刷：北京盛通印刷股份有限公司

开　　本：16开

印　　张：13.25

版　　次：2021年6月第 1 版

印　　次：2021年6月第 1 次印刷

ISBN 978-7-5179-1016-9

定　　价：59.00元